Christiane Schnepper

Hunde-erziehung

ohne Leckerchen

Motivieren mit Spiel, Spaß und Spannung

Wie lernt mein Hund?

Unerwünschtes Verhalten?

Training ohne Futter – Stärken und Risiken

Alltag ohne Futterbelohnung meistern

Zeit für Neues

Lieben Sie es, den Alltag mit Ihrem Hund zu erleben? Arbeiten Sie gerne mit Ihrem Vierbeiner, finden es aber übertrieben, ihm für jede Kleinigkeit ein Leckerli zu geben? Oder ist Ihrem Hund Futter nicht so wichtig und deswegen fällt es Ihnen schwer, ihn unterwegs zu motivieren?

In diesem Buch erfahren Sie echte Alternativen zur Futterbelohnung. Bei der Entscheidung, welche Methode für Ihren Hund passt, ist es wichtig zu wissen, dass jede Belohnung seine Vorteile, aber auch seine Nachteile hat. Lernen Sie den Nutzen der unterschiedlichen Belohnungsmöglichkeiten für Ihren Hund kennen und diese in Ihrem Alltag optimal einzusetzen.

Zudem soll das Buch Ihnen helfen, Ihren Hund und dessen Bedürfnisse besser zu verstehen: Verstehen Sie, seine Wünsche zu lesen. Erleben Sie eine noch tiefere Bindung zu Ihrem Vierbeiner, wenn Sie die alltäglichen Interessen Ihres Hundes erfahren und dieses gewonnene Wissen anschließend direkt umsetzen.

Betonen möchte ich, dass ich nicht gegen den Einsatz von Futter im Generellen bin. Vielmehr möchte ich Ihnen mit diesem Buch eine neue Sichtweise ermöglichen, sodass Sie nicht nur auf die Gabe von Leckerlis angewiesen sin7d. Da es für den Aufbau einzelner Verhaltensweisen von starkem Vorteil sein kann, Futter einzusetzen, habe ich es in manchen Übungen dieses Buches auch eingesetzt. Außerdem erhalten Sie viele Tipps, wie Sie mit Kleinigkeiten und ohne großen Aufwand die Bedürfnisse Ihres Hundes befriedigen können.

So hilft dieses Buch:

Das Buch ist in vier große Kapitel unterteilt. Es empfiehlt sich zunächst das erste Kapitel zu lesen. Darin erhalten Sie Informationen und Hinweise für mögliche Belohnungen Ihres Hundes. Anhand einiger „Tests“ lernen Sie die Vorlieben Ihres Hundes näher kennen. Außerdem beinhaltet es einen Überblick, wie Hunde lernen. Diese Informationen bilden die Basis für einen bedürfnisorientierten Umgang mit Ihrem Vierbeiner.

Das zweite Kapitel beschäftigt sich mit unerwünschtem Verhalten. Hier werden Ihnen mögliche Ursachen für dieses Verhalten und entsprechende Lösungen aufgezeigt.

Im dritten Kapitel wird die Belohnung durch Futter kritisch hinterfragt. Was sind die Stärken, aber auch die Schwächen beim Einsatz einer Futterbelohnung? Typische Trainingsfehler werden genannt und zeitgleich erhalten Sie Ideen, wie Sie Ihren Hund situationsangemessen belohnen können.

Das vierte Kapitel beschäftigt sich mit Alltagssituationen. Wie können Sie durch Kleinigkeiten und ohne großen Aufwand die Bedürfnisse Ihres Hundes befriedigen? Und wie können Sie einfach und ohne ständiges Leckerligeben Ihren Vierbeiner erziehen?

Viel Spaß beim gemeinsamen Lernen mit Ihrem Hund, sodass Sie beide sich von einer ganz neuen Seite kennenlernen und die kleinen Freuden des Lebens neu entdecken.

Ihre Christiane Schnepper

Wie lernt mein Hund?

Belohnen oder verstärken?

Haben Sie sich früher auch einen treuen Begleiter wie Lassie gewünscht? Ein harmonisches Miteinander. Ein Zusammenleben, bei dem das WIR und nicht das FUTTER im Vordergrund steht?

Im Alltag oder auch im Training mit unserem Hund möchten wir einen Vierbeiner an unserer Seite haben, der sich nach unseren Vorstellungen verhält. Sei es, dass er schnell zu uns gelaufen kommt, wenn wir ihn rufen, wir mit lockerer Leine spazieren gehen können oder auch beim Zerrspiel das Spielzeug nicht hart erkämpfen müssen, sondern dieses im besten Fall durch ein „Aus"-Signal sofort in unsere Hand abgegeben wird.

Es muss sich lohnen

Wieso sollte unser Hund im Freilauf zu uns gelaufen kommen, wenn er anschließend angeleint wird? Wäre es für ihn nicht schöner und aus seiner Sicht deutlich besser, sich weiterhin frei bewegen zu können?

Genauso wie auch wir Menschen nicht unentgeltlich arbeiten gehen, sondern ein Gehalt für unsere geleistete Arbeit erhalten, möchte auch unser Hund Lohn bekommen. Ansonsten wird er irgendwann „sagen", dass ihm bestimmte Aufgaben keinen Spaß mehr machen – sprich, er wird zeigen, dass es sich für ihn einfach nicht lohnt, ein bestimmtes Verhalten auszuführen.

Cleo findet Futter in diesem Moment nicht so spannend wie das, was sie in der Umgebung beobachtet. Hier ist Futter kein Verstärker für sie.

Der Hund macht den Unterschied

Umgangssprachlich sprechen wir davon, dass der Hund eine Belohnung erhält, also zum Beispiel ein Leckerli oder eine Streicheleinheit bekommt. In der Wissenschaft spricht man allerdings nicht mehr von Belohnungen, sondern von Verstärkern. Ein Verstärker kann alles sein, was ein Verhalten wahrscheinlicher macht.

Wenn unser Hund also immer, wenn er zu uns gelaufen kommt, ein Leckerli erhält und er danach häufiger zu uns läuft, dann war das Leckerli ein Verstärker. Denn das Verhalten des Zu-uns-Laufens ist wahrscheinlicher geworden, unser Hund kommt ja öfter als vorher.

Statt unseren Hund mit einem Leckerli zu füttern, könnten wir ihn auch streicheln. Auch hierbei gilt: Kommt er öfter zu uns, handelt es sich beim Streicheln um einen Verstärker. Zeigt er das Verhalten jedoch nicht häufiger, dann ist in diesem Fall für ihn das Streicheln kein Verstärker.

Und hierin liegt auch der wichtige Unterschied zwischen einer Belohnung und einem Verstärker. Unter einer Belohnung versteht man alles, womit wir Menschen meinen, unseren Hunden etwas Gutes tun zu können. Ob eine Belohnung auch gleichzeitig ein Verstärker ist, entscheidet dagegen immer unser Hund.

Strafe – nein danke!

Das Gegenteil von einem Verstärker ist die Strafe. Unter einer Strafe versteht man alles, was das Verhalten unseres Hundes weniger werden lässt. Eine Strafe, die man oft im Alltag sieht, die in der Regel aber vollkommen unbewusst vorgenommen wird, ist das Runterdrücken beim „Sitz“-Signal. Das heißt, der Hundehalter schiebt das Hinterteil des Hundes nach unten, der Hund weicht dabei dem Druck der Hand und setzt sich hin. Da beim Sitzen der Druck der Hand aufhört, weil der Mensch seine Hand wegnimmt, lernt der Hund, sich auch ohne die Hand hinzusetzen, damit er nicht diesen Druck erfährt. Andere Strafen, die jeder bestimmt schon einmal gehört hat, aber deutlich „schlimmer“ für den Hund sind, werden mit Stachelhalsbändern oder mit Strom durchgeführt. Alle Strafen haben gemeinsam, dass sie vom Hund mit Angst verbunden werden. Der Hund lernt weniger ein bestimmtes Verhalten auszuführen, sondern vermeidet durch sein Verhalten die Ausführung der ansonsten resultierenden Strafe.

Wir möchten einen Hund, der in jedem Moment gerne mit uns arbeitet, mit Freude und Sicherheit durch das Leben geht und auf keinen Fall von ständiger Angst begleitet ist. Aus diesen Gründen wird auf den Einsatz von Strafe vollkommen verzichtet. Entdecken Sie dagegen mit Ihrem Hund die Schönheit und die Stärke der positiven Verstärkung und meistern Sie mit Leichtigkeit und Freude den Alltag.

Verstärkern auf der Spur

Ein Lächeln, das Wort „Danke“ oder eine nette Geste – oft sind es Kleinigkeiten, die das Leben versüßen. Wie zaubern Sie Ihrem Hund ein Strahlen ins Gesicht?

Gehen wir nun den Bedürfnissen Ihres Hundes genauer auf die Spur. Finden Sie heraus, was Ihren Hund wirklich berührt und was sein Herz höherschlagen lässt.

Kleine Freuden

Natürlich wollen wir einen Hund an unserer Seite, der uns nicht erst fragt, was wir ihm zu bieten haben, damit er ein bestimmtes Verhalten zeigt. Wir möchten vielmehr einen vierbeinigen Begleiter, der sofort das gewünschte Verhalten ausführt, ohne mit uns vorher darüber zu diskutieren, ob sich das überhaupt für ihn lohnt. Wenn wir aber ehrlich zu uns selber sind, dann erfüllen wir anderen Mitmenschen meist einen Gefallen, weil wir eine bestimmte Erwartungshaltung haben, etwa ein nettes Wort oder das Wissen, dass unser Gegenüber uns in ähnlichen Situationen genauso helfen würde. Genau diese Kleinigkeiten, die wir im Miteinander bei uns Menschen wertschätzen, wollen wir nun für unsere Hunde suchen.

Gerechter Lohn

Wenn Sie also positiv mit Ihrem Hund arbeiten möchten, müssen Sie sich zunächst Gedanken darüber machen, wie Sie ihn für seine geleistete Arbeit bezahlen können. Eine einfache Bezahlung wäre Futter. Art und Menge des Futters entscheiden, ob sie vom Hund als Verstärker eingestuft werden oder nicht. Im Allgemeinen wird ein Hund vermutlich eher sagen, dass eine Bockwurst ein besserer Verstärker ist als sein übliches Trockenfutter. Und hierbei ist eine ganze Bockwurst vermutlich besser als ein kleines Stück davon.

Je nachdem, was Sie für einen Hund an Ihrer Seite haben, kann es sein, dass er nicht gerne Leckerlis frisst, sondern die Umgebung viel spannender findet. Oder aber Sie haben einen Vierbeiner, der nur bestimmte Futterarten fressen darf, da er beispielsweise Allergiker ist.

Die einzelnen Rassen geben außerdem eine weitere Idee, wie Sie Ihrem Hund eine Freude bereiten können. Haben Sie einen Hütehund als Begleiter? Dann ist das Hüten und Treiben ein natürliches Hobby von ihm. Ein Apportierhund, wie beispielsweise der Labra-

Vom Zergel bis zum Quitschie – die unterschiedlichen Belohnungsmöglichkeiten lassen keine Wünsche offen.

dor Retriever, liebt dagegen das Tragen von Gegenständen. Informieren Sie sich über die natürlichen Veranlagungen Ihres Hundes und entdecken Sie neue Möglichkeiten ihn zu verstärken. Haben Sie einen Mischling? Kein Problem, er kann die Eigenschaften von unterschiedlichen Rassen in sich tragen, probieren Sie in diesem Fall verschiedene Beschäftigungsmöglichkeiten aus, um sein größtes Hobby zu finden.

Wie Sie sehen, gibt es zum Glück deutlich mehr Verstärker als die unterschiedlichsten Futterarten und genau diese wollen wir im Folgenden suchen …

Test

Vorlieben meines Hundes

Jeder Hund ist anders. Während es für den einen das Highlight ist, einem Ball hinterherzujagen, zerrt ein anderer lieber an einem Tau. Was sind die Vorlieben von Ihrem Hund?

Diese Frage zu beantworten, fällt dem einen oder anderen sicher leicht. Aber könnten Sie die Vorlieben Ihres Vierbeiners auch in eine Beliebtheitsreihenfolge bringen?

Das Ziel

Mit diesem kleinen Test können Sie sich eine Verstärker-Rangliste für Ihren Hund erarbeiten. Dabei bietet es sich an, dass Sie sich je eine Rangliste für unterschiedliche Futtersorten, Spielzeuge etc. erstellen. Dabei gibt es keine Grenzen – seien Sie kreativ!

Was Sie dafür brauchen:

- je Rangliste 4–6 Verstärker
- Verhalten:
- „Sitz-Bleib“ (alternativ kann Ihr Hund von einer Hilfsperson festgehalten werden)
- Auflösesignal (z. B. „OK“), welches Ihrem Hund ansagt, dass er nicht mehr sitzen bleiben muss, sondern alles machen darf, was er möchte.

Machen Sie sich auf die Suche nach den Vorlieben Ihres Hundes! Erstellen Sie sich eine Liste mit möglichen Verstärkern. Sie können diese wiederum unterteilen in unterschiedliche Futtersorten, Spielzeuge etc.:

- Futter-Rangliste: Trockenfutter, Bockwurst, Käse, Leberwurst, Quark, Kaustange
- Spielzeug-Rangliste: Stofftier, Quietschetier, Tau, Frisbee, Ball, Kong, Dummy

Schritt für Schritt

1. Geben Sie Ihrem Hund ein „Sitz-Bleib“.
2. Präsentieren Sie die unterschiedlichen Verstärker in einer waagerechten Linie zu Ihrem Hund. Der Abstand zwischen ihm und der Linie soll ca. zwei Meter betragen.
3. Gehen Sie anschließend wieder zu Ihrem Hund.
4. Sagen Sie ihm das Auflösesignal.
5. Beobachten Sie, in welcher Reihenfolge er welche Verstärker aufsucht. Notieren Sie sich Ihre Beobachtungen.

6. Wiederholen Sie die Schritte 1 bis 5, bis Sie mit einer hohen Wahrscheinlichkeit voraussagen können, welche Verstärker in welcher Reihenfolge angesteuert werden. Vertauschen Sie bei jedem neuen Durchgang die Reihenfolge der präsentierten Verstärker.
7. Führen Sie diesen Test zu mindestens drei unterschiedlichen Tageszeiten durch.
8. Führen Sie den Test an mindestens drei unterschiedlichen Orten (beispielsweise Wohnzimmer, Garten, Wald) durch.

Tipp

Neuer Blickwinkel mittels Kamera

Filmen Sie den Test. Oft sieht man beim wiederholten Anschauen Details, die einem während des Versuchs nicht bewusst aufgefallen sind.

Lassen Sie Ihren Hund entscheiden, welcher Verstärker ihm am liebsten ist. Wählt er immer den gleichen aus oder hat er mehrere Favoriten?

Top-10 der Vorlieben

Wer kennt nicht die Vorfreude auf ein Geschenk. Wie bei uns Menschen kann beim Hund die Freude über das eigentliche Geschenk durch dessen Präsentation deutlich erhöht werden.

Wie Sie beim Erstellen der Ranglisten mit Sicherheit beobachten konnten, ist die Wahl eines Verstärkers abhängig von der Tageszeit, dem Ort sowie den individuellen Vorzügen Ihres Hundes. Im Folgenden zeige ich Ihnen zehn Möglichkeiten, wie Sie Ihrem Vierbeiner den Verstärker präsentieren und damit noch hochwertiger machen können. Ihr Hund entscheidet natürlich, was für ihn besonders toll ist. Vergessen Sie dabei nicht, auch Sie können ein Verstärker sein!

Je nach Hundetyp müssen Sie nach dem Gute-Laune-Punkt etwas suchen. Ihr Vierbeiner wird Ihnen durch lustiges Tänzeln zeigen, dass Sie ihn gefunden haben.

1. **Werfen** Sie ein Leckerli oder ein Spielzeug in Laufrichtung Ihres Hundes, sodass es über den Boden rollt. Ihr Hund muss es zunächst jagen, bevor er es erhält. Diese Variante bietet sich besonders als Belohnung für einen schönen Rückruf an.
2. **Rennen** Sie mit Ihrem Hund ein Stück. Dies ist gut, wenn Ihr Hund auf Sie achten muss, damit er nicht den Start verpasst, beispielsweise in einer Fußarbeit mit oder auch ohne Leine.
3. **Spielen** Sie mit Ihrem Hund verstecken, ob zu Hause oder auf einem Spaziergang. Ihr Hund wird immer mehr auf Sie achten, damit er mitbekommt, wenn Sie das nächste Mal verloren gehen.
4. Lassen Sie ihn an einer besonders tollen „Ablenkung“ **schnüffeln**. Sei es ein Mauseloch oder ein aus Hundesicht informativer Baum. Diese Variante ist besonders nach stationären Übungen, wie „Sitz“, „Platz“ oder „Schau mich an“, geeignet.
5. Geben Sie Ihrem Hund an einem geeigneten Ort die Möglichkeit, noch einmal ein Welpe sein zu dürfen und erlauben ihm das **Buddeln**. Besonders zum Stressabbau ist dieser Verstärker prima.
6. Lassen Sie Ihren Hund mit einem anderen Hund **spielen**, beispielsweise nach einem Rückruf oder einem „Platz“.
7. **Zerren** Sie mit Ihrem Hund. Ein Auslassen des Spielzeugs kann zur Belohnung ein neues Zerren bedeuten.
8. Geben Sie Ihrem Hund die Möglichkeiten, verschiedene Gegenstände zu **apportieren**. Bei vielen Rassen, wie beispielsweise Labradoren, ist das Tragen oft schon eine Belohnung.
9. **Leinen** Sie Ihren Hund **ab** oder geben Sie Ihrem Hund mehr Leine. Das bietet sich zum Beispiel nach einer besonders schönen Fußarbeit an.
10. **Kraulen** Sie Ihren Hund. Finden Sie dabei den Gute-Laune-Punkt Ihres Hundes, er befindet sich meist mittig oberhalb des Rutenansatzes.

Ablenkung als Verstärkung

„Alles ist gerade spannender als ich!“ Mit diesem Gefühl sind Sie nicht allein. Viele Hundehalter haben je nach Situation einen Hund, der abgelenkt ist und einen nicht wahrnimmt.

Ablenkung im Allgemeinen ist nicht nur negativ. Sie ermöglicht uns vielmehr neue Möglichkeiten, die Bedürfnisse unseres Hundes kennenzulernen, und eröffnet uns neue Wege, ihn zu belohnen. Nutzen Sie dies zu Ihrem eigenen Vorteil!

Bedenken Sie: Jede Situation, die dazu führt, dass Ihr Hund abgelenkt ist, ist für ihn sehr wichtig. Beobachten Sie Ihren Hund im Alltag und schreiben Sie seine Vorlieben auf.

Beobachtungen erproben

Setzen Sie Ihre notierten Ablenkungen im Alltag ein. Oft sind es Kleinigkeiten, die bereits eine große Wirkung erzielen können. Lassen Sie Ihren Hund sich beispielsweise immer zuerst hinsetzen, bevor Sie ihn anleinen und mit ihm spazieren gehen oder bevor Sie die Terrassentür öffnen und ihren Vierbeiner in den Garten lassen. Die meisten Hunde wollen gerne nach draußen.

Typische Ablenkungen sind ...

Kontext	Ablenkung
Futter	Kühlschranktür, Rascheln einer Tüte, Öffnen der Plätzchendose, ...
Territorialverhalten	Klingeln, Bewegungen fremder Personen am Zaun, ...
Jagdverhalten	Laufende Katze, Maulwurfhügel, Wildwechsel, ...
Sozialverhalten	Fremde Menschen, fremde Hunde, Markierungen (Bäume, läufige Hündinnen), ...

Abby hat gelernt, sich erst hinzusetzen, bevor sie durch den Garten toben darf.

Warum also nicht das Hinsetzen mit der Möglichkeit nach draußen zu gehen belohnen?

Auf diese Weise können Sie jede Ablenkung für sich nutzen: Überlegen Sie sich, was Ihr Hund zunächst tun muss, damit er die Ablenkung erhält. Lassen Sie Ihren Hund z. B. erst Sie anschauen, bevor er mit anderen Hunden spielen darf, oder er darf nach einer schönen Fußarbeit an seinem Lieblingsbaum schnüffeln. Besonders in für Ihren Hund stressigen Begegnungssituationen kann das Schnüffeln an einem Baum oder auf einem Stück Wiese sehr entspannend wirken. Sie geben Ihrem Hund damit die Gelegenheit, dem anderen Hund aus dem Weg zu gehen und er wird zeitgleich für sein ruhiges Verhalten durch die Ablenkung des Schnüffelns von Ihnen belohnt. Eine Win-Win-Situation für alle Beteiligten.

Überlegen Sie, in welchen Situationen Sie im Alltag Futter verwenden, um Ihren Hund zu belohnen. Gibt es passende Ablenkungen, die Sie zu Ihrem Vorteil nutzen können? Tauschen Sie Ihre Futterbelohnung mit der Zeit durch die Belohnung der Ablenkung aus. Sie werden merken, dass Ihr Hund auch ohne Futter gerne Ihre Wünsche erfüllt.

Lerntheorie leicht gemacht ...

Das Verhalten eines Hundes ist vorhersehbar, wenn man die drei wichtigsten Lerntheorien von Pavlov, Skinner und Premack kennt. Nutzen Sie das Wissen, um Verhalten zu ändern.

Wie Sie mittlerweile wissen, tun Hunde genau das, was sich für sie lohnt. Wenn man die Absicht seines Vierbeiners genauer hinterfragt, dann steckt immer ein Bedürfnis als Motivation hinter einem gezeigten Verhalten: Ein Hund, der an einem heißen Sommertag nach einem Spaziergang in Richtung der Wasserschüssel zieht, ist durstig. Stupst er seinen Menschen beim Fernsehen permanent mit seinem Kopf an, hat er vermutlich das Bedürfnis nach Aufmerksamkeit oder einer Streicheleinheit. Und ein Hund, der den Postboten anbellt, könnte die Sicherheit seines Zuhauses in Gefahr sehen.

Wenn Sie zukünftig die Bedürfnisse Ihres Vierbeiners als Belohnung verwenden möchten, müssen Sie zunächst herausfinden, welche Bedürfnisse hinter den einzelnen Verhaltensweisen stecken. Denn: Kennt man das Bedürfnis seines Hundes, kann man dieses befriedigen und ihm zeitgleich einen Gefallen tun. Wenn man besonders geschickt ist, kann man sogar für diesen Gefallen eine kleine Gegenleistung, also ein gewünschtes Verhalten, einfordern.

Erfahren Sie auf den folgenden Seiten die Grundzüge der wichtigsten Erkenntnisse aus der Lerntheorie. Diese bilden die Grundlage für ein Verständnis einer geschickten Belohnung des Hundes.

Milla hat durch die klassische Konditionierung gelernt, dass Handauflegen mit Futter verknüpft ist. Statt einer Bedrohung, löst es positive Gefühle aus.

Klassische Konditionierung

Unter der klassischen Konditionierung versteht man die Verknüpfung von einem neutralen Reiz mit einem für den Hund bedeutsamen Reiz.

Beispiel: Die Kühlschranktür

Viele Hunde hören selbst im Halbschlaf das Öffnen der Kühlschranktür und rennen voller Vorfreude in die Küche. Der Hund hat das Öffnen der Tür (neutraler Reiz) mit dem Essen im Kühlschrank (bedeutsamer Reiz) verknüpft.

Die Stärke der klassischen Konditionierung ist, dass der Hund unbewusst lernt. Bei der richtigen Anwendung ist diese äußerst effektiv, besonders, weil sie sich gleichzeitig in der Gefühlsebene abspielt.

Gehört Ihr Vierbeiner beispielsweise zu den Kandidaten, die dem Fressen sehr zugetan sind, aber nur mäßig gerne spielen, können Sie mithilfe der klassischen Konditionierung das Spielen für Ihren Hund hochwertiger machen: Geben Sie kurz nach dem Präsentieren des Spielzeugs ein Stück Futter. Das positive Gefühl durch die Gabe des Futterstücks (bedeutsamer Reiz) verknüpft Ihr Vierbeiner hierbei mit dem Spielzeug (neutraler Reiz).

Auf die gleiche Weise können Sie auch das Loben mit Ihrer Stimme für Ihren Hund hochwertiger gestalten.

Operante Konditionierung

Bei der operanten Konditionierung lernt der Hund an den Konsequenzen seines Verhaltens. Idealerweise denkt er, dass er mit seinem Verhalten die Konsequenzen beeinflussen kann. Wird ein Verhalten häufiger gezeigt, dann muss die Konsequenz für den Hund positiv gewesen sein, wird das Verhalten weniger gezeigt, empfand er sie als negativ.

Beispiel: Bellender Hund während eines Telefonates

Fängt Ihr Hund während eines Telefonates immer an zu bellen? Warum macht er das? Oft reagiert der Mensch, indem er seinem Hund sagt, dass er aufhören soll zu bellen. Der Hund erhält also Aufmerksamkeit von seinem Menschen. Bellt der Hund beim nächsten Telefonat mehr als vorher, dann hat er die Aufmerksamkeit als positiv eingestuft, das Verhalten wird mehr. Bellt der Hund weniger, dann war die Aufmerksamkeit für ihn negativ.

Negative Konsequenzen können beim Hund zu Angst und Frust führen. Aus diesen Gründen werden sie im Weiteren nicht thematisiert, da das Training für den Hund immer rein positiv sein sollte. Schließlich möchte man einen Hund an seiner Seite haben, der gerne mit einem zusammenarbeitet und keinen, der hinter jeder Bewegung eine Falle erwartet und der Welt skeptisch gegenübersteht. Besser ist es daher, wenn man den Verstärker für das unerwünschte Verhalten abstellt und nur das gewünschte Verhalten belohnt. In diesem Fall könnte man den Hund für das Bellen während eines Telefonats ignorieren und ihn loben, wenn er sich beispielsweise in sein Körbchen legt.

Premack-Prinzip

In jedem Verstärker ist sowohl ein Reiz (Futter) als auch ein Verhalten (Fressen) enthalten. Der Reiz und das Verhalten haben hierbei die gleiche Qualität, sie sind für den Hund gleichwertig.

Die Rangliste

Das Prinzip von Premack sagt aus, dass Verhaltensweisen mit einer hohen Auftretenshäufigkeit Verhalten mit einer niedrigeren Auftretenshäufigkeit verstärken können. Für den Hund bedeutet dies: Wenn er die Gelegenheit für ein wahrscheinlicheres Verhalten bekommt, kann man damit ein weniger wahrscheinliches Verhalten verstärken.

Bei uns Menschen ist das übrigens genauso. Wenn Kinder die Wahl haben, Hausaufgaben zu machen oder zu spielen, werden sie mit einer größeren Wahrscheinlichkeit anfangen zu spielen. Wenn sie sich irgendwann entschließen, die Hausaufgaben zu machen und man bietet ihnen anschließend die Möglichkeit, sich richtig auszutoben, werden sie zukünftig schneller die Hausaufgaben erledigen, damit sie anschließend toben können.

Damit Sie das Premack-Prinzip auf Ihren Hund übertragen können, benötigen Sie zunächst eine Rangliste, welche Verhaltensweisen er wie oft zeigt.

Beispiel: Hund soll öfter im Garten liegen

Wenn Sie beispielsweise Ihren Hund im Garten beobachten und von zehn Minuten liegt er zwei Minuten unter einem Baum, drei Minuten schnüffelt er den

Abby hat verstanden, dass es sich lohnt, bei Besuch auf der Decke liegen zu bleiben.

Zaun entlang und die restlichen 5 Minuten spielt er mit seinem Tau, dann hat er 20 % mit Liegen, 30 % mit Schnüffeln und 50 % mit Spielen verbracht.

Wenn Sie möchten, dass Ihr Hund vermehrt im Garten liegt, dann sollten Sie also immer, wenn er sich hinlegt, ihm die Gelegenheit zum Spielen bieten, da er dieses Verhalten im Verhältnis häufiger zeigt als das Liegen. Mit der Zeit können Sie beobachten, dass Ihr Hund sich immer öfter hinlegt.

Premack richtig einsetzen

Durch das Premack-Prinzip ergeben sich eine Vielzahl von neuen Möglichkeiten, mit denen Sie Ihren Hund verstärken können. So sind Sie im Alltag nicht mehr unbedingt auf Futter und Spielzeug angewiesen, sondern können das natürliche Verhalten und die Bedürfnisse Ihres Hundes nutzen, um von einem selber erwünschte Verhaltensweisen des Hundes wahrscheinlicher zu machen. Damit dies gelingt, ist es von elementarer Bedeutung, dass Sie Ihren Hund gut kennen und einschätzen. Denn nur, wenn Sie wissen, welche Verhalten Ihr Hund im Alltag gerne zeigt, können Sie diese als Verstärker für andere Verhaltensweisen einsetzen. Wie Sie da am besten vorgehen, erfahren Sie auf den nächsten Seiten.

Als Verstärkung darf Abby nach Aufforderung den Besuch begrüßen. Wichtig ist, dass Abby selbst entscheiden darf, ob sie dies überhaupt möchte.

Test

Anwendung von Premack

Kennen Sie das Erlebnis, dass Ihr Hund ohne Futterbelohnung die einfachsten Verhaltensweisen nicht mehr zeigt? Premack macht das situationsgerechte Belohnen ohne Leckerlis möglich.

Das Ziel

Aufgrund Ihrer Beobachtungen können Sie eine Verhalten-Rangliste für Ihren Hund erstellen.

Was Sie dafür brauchen:

› Notizzettel
› Stift
› Uhr

Schritt für Schritt

1. Bieten Sie Ihrem Hund die Gelegenheit, eine Vielzahl unterschiedlicher Verhaltensweisen zu zeigen.
2. Legen Sie Notizblock und Stift am Gartentisch bereit und lassen Sie anschließend Ihren Hund in den Garten. Ihr Hund darf sich frei bewegen und alles machen. Ihre Aufgabe ist es, Ihren Hund zu beobachten. Notieren Sie sich die einzelnen Verhaltensweisen, die Ihr Hund zeigt, schreiben Sie sich jeweils die Dauer des gezeigten Verhaltens auf (s. Tabelle S. 23). Erstellen Sie die Rangliste in der Wohnung, brauchen Sie lediglich Ihre Tabelle leicht modifizieren – die Vorgehensweise bleibt die gleiche.
3. Addieren Sie nun für jedes Verhalten die einzelnen Zeiten zusammen (s. Tabelle S. 23).

In Ruhe wird Leila im Garten beobachtet. Alle Verhaltensweisen, die sie zeigt, werden notiert und später zur Erstellung der Rangliste verwendet.

Was sagt die Tabelle aus?

Sie können aus der neuen Tabelle direkt die Verhalten-Rangliste ablesen. Für das obige Beispiel gilt in aufsteigender Reihenfolge:

1. Durch den Garten gehen –
2. Liegen –
3. Schnüffeln –
4. Mit dem Spielzeug spielen

Nach Premack ist jetzt ein Verhalten, welches weiter unten in der Verhalten-Rangliste steht ein Verstärker für ein Verhalten, das weiter oben in der Liste steht. Wenn Sie mit den Beobachtungen aus der obigen Tabelle einen Hund haben möchten, der sich länger und öfter im Garten hinlegt, können Sie dieses Verhalten verstärken, wenn Sie Ihrem Hund immer, wenn er liegt, die Gelegenheit zum Schnüffeln oder aber zum Spielen geben. Wichtig ist hierbei, dass er ansonsten nicht die Gelegenheit zum Schnüffeln oder Spielen erhält. Das Schnüffeln einzugrenzen ist im Garten nicht so einfach möglich. Zum Glück tritt das Spielen mit einer deutlich größeren Verhaltenswahrscheinlichkeit (20 Minuten gegenüber 7 Minuten) ein. Sie können bei diesem Beispiel also bereits einen sichtbaren Erfolg erzielen, wenn Sie nur das Spielen eingrenzen und immer, wenn sich der Hund hinlegt, ihm die Gelegenheit zum Spielen ermöglichen.

Addition der Zeiten pro gezeigtem Verhalten:

Verhalten	Gesamtdauer
Schnüffeln	7 Minuten
Mit Spielzeug spielen	20 Minuten
Liegen	5 Minuten
Durch den Garten gehen	4 Minuten

Erstellen Sie Verhalten-Ranglisten für verschiedene Situationen:

- Innerhalb des Gartens,
- innerhalb der Wohnung,
- während eines Spaziergangs
- etc.

Nutzen Sie die Ranglisten, um Ihren Hund in den unterschiedlichsten Situationen mit weiteren Verhaltensweisen belohnen zu können. Sie werden schnell merken, wie Ihr Hund immer eher das von Ihnen gewünschte Verhalten zeigt.

Ihr Notizzettel könnte folgendermaßen aussehen:

Verhalten	Dauer 1	Dauer 2	Dauer 3
Schnüffeln	3 Minuten	1 Minuten	3 Minuten
Mit Spielzeug spielen	7 Minuten	5 Minuten	8 Minuten
Liegen	5 Minuten		
Durch den Garten gehen	2 Minuten	1 Minute	1 Minute

Training ohne Verstärker

Die Wunschvorstellung eines jeden Hundebesitzers, dass sein Hund alles für einen tut, weil er einen liebt, ist leider oft nur ein Traum. Mit den Lerntheorien von Skinner und Premack ist verständlich, dass jeder Hund nur aus den Folgen seines Tuns lernt. Böse formuliert könnte man sagen, dass der Hund ein rein egoistisches Wesen ist, was in jedem Moment die Vor- und Nachteile genau abwägt.

Wenn Sie möchten, dass Ihr Hund ein bestimmtes Verhalten häufiger zeigt, kommen Sie nicht ohne eine Verstärkung aus. Ansonsten wird das von Ihnen erwünschte Verhalten immer weniger gezeigt, bis es nahezu ganz verschwindet.

Wege der Belohnung

Es gibt im Ganzen zwei Möglichkeiten, wie Sie Ihren Hund für ein Verhalten verstärken können: Entweder Sie belohnen ihn immer für jedes erwünschte Verhalten, oder Sie belohnen ihn variabel. Das heißt, Sie lassen quasi zeitweise eine Belohnung aus. Beide Varianten haben im Alltag Vor- und Nachteile.

Verstärken Sie Ihren Hund immer, hat dies zur Folge, dass er das erwünschte Verhalten sehr zuverlässig zeigt. Lassen Sie dann allerdings die Belohnung weg, merkt Ihr Vierbeiner schnell, dass sich sein Verhalten nicht mehr lohnt und er wird es schon bald nicht mehr zeigen.

Verstärken Sie Ihren Hund variabel, dann verlernt er nicht so einfach sein Verhalten, da er weiß, dass er nur lange genug warten muss, bis er wieder eine Belohnung erhält. Dafür zeigt er das Verhalten nicht genauso zuverlässig, wie wenn es immer verstärkt werden würde.

Achtung Trainingsfalle

Oft bringen wir unserem Hund etwas mit Leckerlis bei und nachdem er verstanden hat, was er machen soll, meinen wir, dass er keine Belohnung mehr benötigt.

Ein Beispiel: Ihr Hund soll sich auf sein Kissen legen, wenn es an der Haustür klingelt. Das haben Sie gut geübt und es klappt super. Nun geben Sie ihm keine Belohnung mehr hierfür, weil er es ja bereits gelernt hat. Dann wird sich das Hinlegen auf sein Kissen nicht mehr für ihn lohnen und er wird vermutlich bald schon nicht mehr auf das Kissen gehen.

Trotzdem sind wir nicht für immer gezwungen, unserem Hund ein Leckerli zu geben, wenn wir etwas von ihm wollen. Mit dem Wissen von Premack haben Sie eine Vielzahl neuer, alternativer Belohnungsmöglichkeiten erhalten. Eine mögliche Belohnungsvariante wäre zum Beispiel, nachdem der Hund auf sein Kissen gegangen ist und dort eine Zeit entspannt verweilt hat, den Besuch begrüßen zu lassen.

Leila hat es sich in ihrem Kissen gemütlich gemacht. Für sie lohnt es sich, trotz Besuch, liegen zu bleiben.

Tipp

Natürliche Belohnungen im Alltag

Überlegen Sie sich, in welchen Situationen Sie Futter als Belohnung verwenden und wo Sie dieses durch ein alternatives Verhalten ersetzen können.

Alles eine Frage der Motivation

Wie kann ich meinen Hund davon überzeugen, dass zu tun, was ich von ihm möchte? Wir Menschen müssen uns schließlich auch an Regeln halten, ohne dass wir ständig etwas dafür bekommen ...

Wenn wir von unserem Hund etwas wollen, dann müsssen wir ihn dazu motivieren. Man unterscheidet zwei Arten von Motivationen: die intrinsische und die extrinsische. Unter der **intrinsischen Motivation** versteht man alles, was von innen herauskommt. Man macht etwas, weil es einem Spaß bereitet. Die **extrinsische Motivation** wird hingegen von äußeren Faktoren beeinflusst. Man tut etwas, weil man sich davon einen Vorteil erhofft. In der Regel arbeitet man im Hundetraining mithilfe der extrinsischen Motivation.

Ein Beispiel für die extrinsische Motivation ist die Einhaltung von Regeln innerhalb der menschlichen Gesellschaft. Denken Sie an das Autofahren. Vermutlich halten Sie sich – mehr oder weniger – an die Geschwindigkeitsbegrenzungen im öffentlichen Straßenverkehr. Der Grund Ihres gedrosselten Tempos ist im Allgemeinen die Vermeidung von Ärger oder sogar die Angst vor einer Strafe, wie dem Verlust des Führerscheins. Das Miteinander in der Gesellschaft wird durch die Einhaltung von Zwängen geregelt, sodass der Einzelne sich im Allgemeinen aus Sorge vor einer Maßregelung an die bestehenden Regeln hält.

Motivation statt Zwang

Als Hundehalter möchte man, dass das Miteinander nicht auf Misstrauen, sondern auf Vertrauen basiert.

Ihr Hund soll durch gezielte Belohnungen motiviert werden, seine Verhaltensweisen gerne zu zeigen. Ziel jeglichen Trainings ist immer, eine äußere Motivation möglichst nahe in eine innere Motivation umzuwandeln.

Jedoch lässt sich oft beobachten, dass ein zunächst intrinsisch motiviertes Verhalten durch das Hinzufügen einer externen Belohnung (extrinsische Motivation) vorerst vermehrt gezeigt wird. Wenn dann später aber die Belohnung weggenommen wird, wird das Verhalten dagegen deutlich weniger gezeigt, als es vor dem Belohnen der Fall war.

Was das ganz praktisch bedeutet, verdeutlicht folgendes Beispiel: Ihr Hund legt sich zu Hause ab und zu in sein Körbchen zum Schlafen. Das Hinlegen erfolgt allein aus intrinsischer Motivation. Wenn Sie ihm für das Hinlegen in sein Körbchen jetzt jedes Mal ein Leckerli gäben, könnten Sie beobachten, dass Ihr Vierbeiner sich immer häufiger dort hinlegt. Er baut eine Erwartungshaltung auf das Hinlegen im Körbchen auf. Seine ehemalige intrinsische Motivation des Entspannens würde nun durch die extrinsische Motivation des Leckerlis erweitert. Wenn Sie irgendwann die Belohnung für das Hinlegen in sein Körbchen einstellen würden, könnten Sie mit ziemlicher Sicherheit beobachten, dass er sich sogar weniger häufig an diese Stelle legen würde als vorher.

Voller Erwartung schaut Kissmee zu seinem Frauchen: „Was hast du dir dieses Mal Spannendes als Belohnung überlegt?"

Warum ist das so?

Vergleichet man die Situation des Hundes mit der eines Menschen, fällt das Nachempfinden sicherlich leichter: Ich persönlich treibe gerne Sport und gehe auch sehr gerne wandern (intrinsische Motivation). Wenn mir jetzt viel Geld angeboten würde, würde ich auch für einen Marathon trainieren, ansonsten wäre mir der Lauf eines Marathons zu anstrengend und überträfe deutlich mein Bedürfnis, Sport zu treiben. Wenn ich also täglich meine Runden laufen ginge, mit dem Wissen, danach einen Scheck zu erhalten, würden meine Nachbarn mein vermehrtes Sportinteresse beobachten können. Wenn ich für das Laufen eines Tages aber nicht mehr belohnt würde, dann würde ich sofort mit der Rennerei aufhören. Und da ich ja zuvor durch die äußeren Umstände so viel Sport getrieben habe, wäre mein Bedürfnis nach Bewegung erstmal gestillt und ich würde auch bei meinen Spaziergängen und Wanderungen kürzertreten.

Man kann also durch eine extrinsische Belohnung ein intrinsisch gezeigtes Verhalten weniger werden lassen. Meiner Meinung nach ist man danach jedoch nicht weniger intrinsisch motiviert, sondern das Bedürfnis ist schlichtweg zunächst gesättigt. Ähnlich wie bei der Verhalten-Rangliste von Premack: Nur, weil ein Verhalten weiter oben von einem anderen Verhalten steht, heißt das nicht, dass es niemals gezeigt wird. Vielmehr ist dessen Auftreten unwahrscheinlicher. Wenn aber das Bedürfnis für ein im Allgemeinen weiter unten liegendes Verhalten zunächst gestillt ist, kann auch ein weniger wahrscheinliches Verhalten gezeigt werden. Bildlich gesprochen ist damit Folgendes gemeint: Wenn das Bedürfnis eines sehr wahrscheinlichen Verhaltens (Fressen einer Bockwurst) gestillt ist (Hund ist vollkommen satt), dann kann auch ein weniger wahrscheinliches Verhalten (Hund legt sich hin) gezeigt werden.

Die Basis – Trainingsprinzipien

Das Training Ihres Hundes kann ganz einfach sein, wenn Sie auf die folgenden drei Punkte achten: ein genaues Trainingskriterium, eine hohe Belohnungsrate und ein richtiges Timing.

Verläuft Ihr Training nicht so optimal, wie Sie es sich erhofft haben? Hinterfragen Sie zunächst diese drei Punkte. Oft resultiert durch nur kleine Änderungen im Training ein riesiger Erfolg beim Lernen.

Trainingskriterium

Machen Sie sich vor jedem Training bewusst, was genau Sie trainieren wollen. Denn erst, wenn Sie bis in das kleinste Detail beschreiben können, was Ihr Hund an Verhalten zeigen soll, hat er eine gute Chance, das richtige Verhalten zu lernen.

Stellen Sie sich hierzu vor, Sie seien ein Fotograf. Beschreiben Sie das Bild, welches Sie ablichten möchten. Wenn Ihr Hund etwa lernen soll, Pfötchen zu geben, wäre ein mögliches Bild, dass er vor Ihnen sitzt und seine rechte Vorderpfote einen Zentimeter über dem Boden schwebt. Der Moment, in dem Sie Ihren Hund fotografieren würden, um das Verhalten einzufangen, ist der richtige Zeitpunkt, um ihm die Belohnung zu geben.

Reden Sie beim Clickern nicht mit Ihrem Mitspieler, umso spannender sind nämlich die Gespräche im Anschluss.

Belohnungsrate

Sie möchten, dass Ihr Hund ein bestimmtes Verhalten zeigt? Dann ist es Ihre Aufgabe, ihn zu motivieren, sich entsprechend zu verhalten. Wird ein Verhalten plötzlich weniger und Ihr Hund hat keine Lust mehr, mit Ihnen zu arbeiten, überlegen Sie sich, ob die „Bezahlung" aus seiner Sicht noch stimmt. Oft hören Hunde auf, sich für eine Sache zu interessieren, wenn sie sich nicht mehr für sie lohnt.

Ein Trainingsschritt kann zu schwierig sein und Ihr Hund kann das gewünschte Verhalten nocht nicht zeigen, da er nicht weiß, was er machen soll.

Helfen Sie ihm, indem Sie kleine Trainingsschritte einbauen. Hierdurch bekommt Ihr Hund weiterhin eine Belohnung, da er richtiges Verhalten zeigen kann, und behält den Spaß am Training.

Eine andere Möglichkeit ist, dass Sie die Belohnungen zu schnell abgebaut haben. In dem Fall empfehle ich: Belohnen Sie immer weiter, indem Sie gleichzeitig mit der Zeit immer mehr Leistung verlangen. Belohnen Sie beispielsweise zunächst einen Schritt an der lockeren Leine, steigern Sie später auf zehn Schritte und irgendwann auf einen ganzen Spaziergang, bis die nächste Belohnung folgt.

Timing

Damit Ihr Hund versteht, was Sie von ihm möchten, ist es wichtig, ihn im richtigen Moment zu belohnen. So weiß er, wann er etwas gut gemacht hat. Geben Sie ihm so schnell wie möglich nach dem erwünschten Verhalten die Belohnung, nur so kann eine bestmögliche Verknüpfung hergestellt werden.

Ein ganz praktisches Beispiel: Ihr Hund soll sich vor dem Freispiel hinsetzen, steht aber sofort wieder auf. Achten Sie darauf, Ihren Hund erst dann loszulassen, wenn er sitzt. Notfalls wiederholen Sie das „Sitz"-Signal, damit er sich erneut setzen kann.

Tipp

Übung macht den Meister – Menschenclickern

Eine sehr gute Möglichkeit, wie man seine Trainingsfähigkeiten verbessern kann, ist das Menschenclickern. Hierbei bringen Sie einem anderen Menschen ein bestimmtes Verhalten bei – natürlich nur im Spiel. Immer wenn Ihr Mitspieler etwas richtig gemacht hat, sagen Sie ein bestimmtes Wort oder betätigen einen Clicker. Ihr Gegenüber soll herausfinden, was Sie von ihm wollen. Anschießend können Sie sich über die Trainingssequenz austauschen: Was ist Ihnen leichtgefallen? Was hat Sie ggf. verwirrt? Gibt es etwas, das Ihrem Gegenüber geholfen hätte, noch schneller herauszufinden, was das gesuchte Verhalten war? Das schöne am Menschenclickern ist, dass Ihr Gegenüber Ihnen sagen kann, wie es Ihm ergangen ist. Nutzen Sie die gewonnenen Erkenntnisse für das Training mit Ihrem Vierbeiner.

Unerwünschtes Verhalten?

Die verflixte Ablenkung

Ist Ihnen aufgefallen, dass es Ihrem Hund zu Hause viel leichter fällt, Signale zu befolgen, als unterwegs? Es scheint, als bestände die Welt aus einer einzigen großen Ablenkung.

Ein fallendes Blatt, ein quietschendes Auto, ein Rollstuhlfahrer oder der Geruch aus einer Pommesbude – was für uns Menschen völlig normal ist und zum Leben dazu gehört, kann für den Hund eine gigantische Ablenkung darstellen.

Für das Training mit Ihrem Hund bedeutet dies, dass Sie sich die unterschiedlichen Ablenkungen bewusst machen sollten. Wenn Ihr Hund ein Verhalten nicht ausführt, überlegen Sie zuerst, warum er das Verhalten momentan nicht zeigen kann. Oft merkt man, dass man es unter diesen Bedingungen noch nicht trainiert hat. Sie müssen nämlich wissen, dass Hunde sehr schlecht im Verallgemeinern sind. Wenn Ihr Hund sich im Wohnzimmer hinsetzen kann, heißt das noch lange nicht, dass er Sie auch im Flur versteht. Der Garten oder eine fremde Wiese während eines Spaziergangs stellen eine noch größere Herausforderung dar.

Ablenkung als größtmögliche Belohnung

Erinnern Sie sich daran, dass jede Ablenkung immer die größtmögliche Belohnung für Ihren Hund darstellt? Ist Ihr Hund mit seinen Gedanken nicht bei Ihnen, sondern schnüffelt beispielsweise an einem Baum, sagt er Ihnen, dass der Baum im Augenblick spannender ist. Denken Sie an die verschiedenen Belohnungsmöglichkeiten. Folgt Ihr Hund dem Signal und setzt sich zum Beispiel hin, können Sie ihn anschließend mit dem Schnüffeln am Baum belohnen.

Besonders wenn Ihr Hund unerwünschtes Verhalten zeigt, macht es Sinn zu überlegen, wo der Verstärker für dieses Verhalten ist. Denn Hunde tun ja nur das, was sich für Sie lohnt. Haben Sie den Verstärker gefunden, ist es Ihre Aufgabe herauszufinden, welches Bedürfnis sich dahinter versteckt. Stellen Sie den unerwünschten Verstärker ab und befriedigen Sie das Bedürfnis Ihres Hundes. Schon bald wird das unerwünschte Verhalten weniger werden.

Im Folgenden werden verschiedene unerwünschte Verhaltensweisen analysiert und erste Trainingsaufbauten in Richtung des erwünschten Verhaltens erklärt.

Für Abby ist die Aufmerksamkeit ihres Frauchens ein sehr großer Verstärker. Springt Abby an, dreht sich ihre Halterin einfach von ihr weg.

Management

Oftmals lässt sich unerwünschtes Verhalten durch einfache Management-Maßnahmen „abstellen“: Eine Hausleine am Hund, ein kurzes Festhalten, ein kurzes Eingreifen ohne großes Aufsehen.

So gut wie jedes Verhalten lässt sich trainieren. Manchmal ist ein großes Training aber gar nicht nötig: Oft reicht bereits gutes Management, dass vom Hund überhaupt erst kein unerwünschtes Verhalten gezeigt wird – es sind die Kleinigkeiten, die den Alltag erleichtern und große Wirkung auf die Lebensqualität haben. Stellen Sie sich folgende zentrale Frage: „Wie kann ich die Umwelt derart beeinflussen, dass mein Hund nicht für unerwünschtes Verhalten belohnt wird?“ Bedenken Sie bei Ihren Überlegungen, dass jede Ablenkung eine Belohnung für Ihren Vierbeiner bedeutet.

Fehler vermeiden

Die einfachste Möglichkeit ist, dass man seinem Hund keine Gelegenheit für ein Fehlverhalten bietet. Zieht beispielsweise ein junger Hund bei Ihnen ein, der noch nicht gelernt hat, dass man keine Möbel ankaut, sollten Sie ihm nicht zusätzliche Reize bieten. Entfernen Sie, sofern es möglich ist, für die ersten Wochen lose Teppiche aus Ihrer Wohnung. Ist Ihr Hund mit der Wohnung vertraut, kennt die Hausregeln und weiß, was von dem Spielzeug ihm gehört und was nicht, können Sie die Teppiche wie-

Hochgestellte Schuhe verhindern besonders bei jungen Hunden im Zahnwechsel, dass sie sich das Kauen auf Gegenständen angewöhnen.

der zurücklegen. Halten Sie eine Woche ein Auge auf den Teppich. Mit großer Wahrscheinlichkeit ist er dann nur ein weiterer Gegenstand Ihres Zuhauses, den man nicht anknabbern darf. Als acht Wochen alter Welpe wäre der Teppich ein viel größerer Anreiz gewesen.

Einfaches Eingreifen

Über die Einschränkung der Bewegung zu arbeiten, ist eine weitere Möglichkeit. Binden Sie Ihrem Hund eine Hausleine ans Halsband oder Geschirr. Die Leine ist etwa einen Meter lang und hat keine Schlaufe – Ihr Hund soll schließlich nirgends hängen bleiben. Sehen Sie Ihrem Vierbeiner bereits an, dass er Flausen im Kopf hat, stellen Sie sich kommentarlos auf die Leine. Hat er vergessen, was er eigentlich anstellen wollte, darf er sich wieder frei bewegen. Die Einschränkung seiner Bewegung führt dazu, dass er seine Flausen immer weiter abstellt, schließlich möchte er die Bewegungseinschränkung vermeiden.

Aufmerksamkeit nutzen

Da unser Hund ein Teil der Familie ist, ist ihm die Zugehörigkeit und das soziale Leben in ihr sehr wichtig. Der Entzug der Aufmerksamkeit kann eine sehr starke Konsequenz für Ihren Hund bedeuten. Wenn man über den Entzug von Aufmerksamkeit trainiert, muss man wissen, dass schon fünf Minuten eine wirklich sehr lange Zeit bedeuten. Allein wenige Sekunden vollständiges Ignorieren des Tieres stellt bereits eine harte Strafe dar und darf niemals in ihrer Stärke unterschätzt werden.

Ein gutes Beispiel, wie sich alltägliche Begebenheiten durch Management-Maßnahmen regeln lassen, stellen Besuchssituationen dar. Mit den folgenden beiden Übungen erfahren Sie, wie Sie am besten vorgehen.

Info

Schnelles Eingreifen

Eine Hausleine ist 1–1,5 Meter lang und besitzt keine Knoten, Ösen oder Schlaufen. Befestigen Sie die Leine am besten am Geschirr Ihres Hundes. Auf dieses Weise kann Ihrem Vierbeiner nichts passieren, wenn Sie auf die Leine treten. Kaut Ihr Hund gerne auf Leinen? Dann bietet sich als Hausleine ein Stück Kletterseil an. Diese bestehen in der Regel aus Polyamid, einem sehr reißfesten Material – also ideal für Hundezähne.

Türklingel-Alarm

Das Ziel

Ziel der Management-Übung ist es, dass Ihr Hund entspannt auf Besuch reagiert. Er soll lernen, nicht der Mittelpunkt des Geschehens zu sein. Vielmehr soll er die Zeit zum Ausruhen nutzen, da aus seiner Sicht nichts Spannendes passieren wird. Sie können sich dann ganz Ihren Gästen widmen und sich in Ruhe mit Ihnen unterhalten.

Was Sie dafür brauchen:

- Hundekissen
- Möglichkeit, den Hund in direkter Nähe zum Kissen festzubinden
- Hausleine
- einen Kauknochen

Umgang mit dem Management

Befestigen Sie eine Hausleine am Geschirr Ihres Hundes. Legen Sie das Hundekissen an einen Platz in der Wohnung, an dem Sie zugleich die Möglichkeit haben, Ihren Hund festzubinden, während er sich auf sein Kissen legen kann.

- Klingelt Ihr Besuch an der Haustür, nehmen Sie kommentarlos Ihren Hund an der Hausleine und binden Sie ihn am Kissen fest. Für den Anfang geben Sie ihm einen Kauknochen, den er sehr gerne mag.
- Öffnen Sie erst jetzt Ihrem Gast. Weihen Sie ihn darüber ein, dass er ein wichtiger Teil der Übung ist. Sagen Sie ihm, dass er bitte Ihren Hund nicht beachten soll. Ihr Hund wird vermutlich zuerst den Besuch begrüßen wollen, vielleicht bellt er anfangs, weil er aufgeregt ist. Wichtig ist, dass alle ihn ignorieren. Nach einer Zeit widmet er sich dem Knochen.
- Wenn Ihr Hund mit dem Knochen beschäftigt ist und den Besuch nicht weiter beachtet, ist es ein guter Moment, um ihn loszubinden. Gehen Sie zu ihm und tauschen Sie mit etwas Futter den Knochen.
- Haben Sie ihn losgebunden, sollen alle weiterhin Ihren Hund nicht beachten. Unterhalten Sie sich, als hätte sich nichts geändert. Ihr Hund möchte vermutlich den Besuch begrüßen, geht zu ihm und schnüffelt an seinen Beinen. Wenn er merkt, dass keiner ihm Aufmerksamkeit schenkt, wird er schnell zur Ruhe kommen und sich hinlegen.

Hatten Sie ein paarmal nach dem oben aufgeführten Schema Besuch, können Sie einen Schritt weitergehen. Diesmal erhält Ihr Hund keinen Knochen, wenn Sie ihn festbinden. Ist Ihr Hund entspannt, wenn der Besuch am Tisch sitzt, darf er sich wieder frei in der Wohnung bewegen.

Mit der Zeit werden Sie beobachten, dass sich ihr Hund immer schneller beruhigt, bis Sie irgendwann die Hausleine weglassen können.

Noch zieht Abby an der Leine und versucht, schnellstmöglich zum Besuch zu gelangen.

Liegt sie entspannt auf ihrem Kissen, wird sie zur Belohnung abgeleint und kann sich frei bewegen.

Übung

Besuch – na und?

Das Ziel

Manche Menschen haben Angst vor Hunden, reagieren allergisch oder man hat Kinder zu Besuch, die in Ruhe spielen wollen, sodass der Hund nicht zu nahekommen soll. Ziel der folgenden Management-Übung ist es, dass der Hund zwar am Familienleben teilnehmen kann, ohne weggesperrt zu werden, sich aber trotzdem bestimmten Personen nur auf einen gewissen Abstand hin nähert.

Was Sie dafür brauchen:

› Hausleine

Umgang mit dem Management

Damit es den Kleinen nicht langweilig wird, haben Sie im Wohnzimmer Spielzeug auf den Boden gelegt. Die Kinder haben sofort angefangen zu spielen und aus dem Wohnzimmer ist eine kleine Spielelandschaft geworden. Leider läuft Ihr Hund immer zwischen den verschiedenen Aufbauten umher.

Cleo findet Inlineskater spannend. Da sie aber angeleint ist, kann sie nicht näher zu dem Mädchen gelangen.

- Befestigen Sie eine Hausleine an Ihrem Hund. Ihr Vierbeiner darf sich weiterhin frei in der Wohnung bewegen, solange er nicht zu den Kindern geht.
- Schaut er nur in deren Richtung, stellen Sie sich sofort mit einem Fuß auf die Hausleine.
- Sobald er in eine andere Richtung blickt, geben Sie die Leine wieder frei und er kann sich frei bewegen. Ihr Hund wird schnell merken, dass immer dann, wenn er sich für die Kinder interessiert, seine Bewegung eingeschränkt wird. Sein Wunsch, zu den Kindern zu gehen, nimmt ab, und er wird sich freiwillig nicht mehr für sie interessieren.
- Lassen Sie die Hausleine so lange an Ihrem Hund, bis er den Kindern keine Beachtung mehr schenkt.

Auf diese Weise kann Ihr Hund ganz normal am Familienleben teilnehmen. Sie müssen nicht großartig überlegen, wie Sie auf eine bestimmte Situation reagieren werden, die Kinder können in Ruhe spielen und von Ihrem Hund geht keinerlei Gefahr aus.

Das gezielte Training mittels Management lässt sich auf viele Situationen übertragen. Besonders im Alltag braucht man oft eine schnelle Lösung für ein Problem. Überlegen Sie, wie Sie durch kleine Management-Maßnahmen Ihren Alltag stressfreier und dauerhaft angenehmer gestalten können.

Kaum wird ihr langweilig und wendet sich von der Inlineskaterin ab, wird sie gelobt und hat mehr Freiräume an der Leine.

Denken wie ein Hund

Ob Hütehund, Jagdhund, Gesellschaftshund oder Wachhund, jede Rasse ist durch ihre Zuchtziele und den darin enthaltenen Charaktereigenschaften etwas ganz Besonderes.

Damit Sie Ihren Hund besser verstehen können, ist es wichtig seine Rasseeigenschaften zu kennen. Wofür wurde er einst gezüchtet? Was war seine Aufgabe? Und in diesem Zusammenhang: Hat er in Ihrem Familienverband einen Job, worin er seine einstige Aufgabe ausleben darf?

In den Rasseeigenschaften und damit auch in den ehemaligen Aufgaben eines Hundes kann man oft dessen wichtigste Bedürfnisse ablesen. Hunde, die in ihrer Familie „arbeitslos" sind und Aufgabenbereiche wie Hüten oder Jagen nicht ausleben dürfen, suchen sich oft eigenständig

Rasse	Überart	Aufgabe
Labrador	Apportier- und Stöberhund	Sie sind für die Arbeit nach dem Schuss. Sie bringen mit weichem Maul das geschossene Wild zum Jäger.
Dackel	Dachshund	Treiben Fuchs und Dachs aus dem Bau an die Erdoberfläche.
Border Collie	Hüte- und Treibhund	Zu harter und ausdauernder Arbeit fähiger Herdenhund.
Rottweiler	Begleit-, Dienst- und Wachhund	Seine Aufgabe ist ein Revier selbstständig ohne Einwirkung eines Menschen zu bewachen.
Weimaraner	Vorstehhund	Sie nehmen die Witterung des Wildes auf und zeigen es an.
Pudel	Gesellschafts- und Begleithund	Sie wurden hauptsächlich zur Begleitung eines Menschen gezüchtet.

ein neues Hobby. Wenn ein Border Collie plötzlich Autos hütet oder der Terrier die hauseigene Katze jagt, sind das Freizeitaktivitäten, die man als Hundehalter nicht so einfach ignorieren kann. Hunde mit diesen Rasseeigenschaften wurden Tausende Jahre auf genau diesen Charakter in der Zucht selektiert. Das gezeigte Verhalten ist sehr stark genetisch verankert und folglich oft selbstbelohnend. Training gegen diese Verhaltensweisen sind daher immer sehr zäh und anstrengend für Mensch und Hund.

Ein Jagdhund bei der Arbeit. Das Vorstehen ist eine angeborene Verhaltensweise und tief in der Genetik verankert.

Jobsuche – Rassen auf der Spur

Finden Sie für Ihren Hund heraus, was seine frühere Aufgabe war. In der Übersicht finden Sie typische Charaktereigenschaften für bestimmte Rassegruppierungen. Erkennen Sie Ihren Hund wieder? Wenn Sie einen Mischling besitzen, suchen Sie für alle Rassen, die Sie in ihm vermuten, die Eigenschaften heraus. Mit der Zeit werden Sie sensibel dafür, welche Charakterzüge bei Ihrem Hund in den Vordergrund treten. Überlegen Sie anschließend, welche Bedürfnisse hinter diesen Eigenschaften stehen. Schauen Sie sich die Welt aus der Sicht Ihres Hundes an. Sie merken bald, dass Sie Ihren Hund nun viel besser verstehen können.

Leinenaggression

Ihr ansonsten lieber und verträglicher Hund verhält sich an der Leine wie ein Biest, springt, knurrt und bellt. Mit diesem Phänomen sind Sie nicht alleine.

Zunächst sollten Sie überlegen, warum sich Ihr Vierbeiner so gebärdet. Was passiert genau in dem Moment, wenn sich Ihr Hund an der Leine aggressiv verhält? Wechseln Sie oder das andere Mensch-Hund-Team die Straßenseite? Gehen Sie schneller an dem fremden Hund vorbei? Oder bleiben Sie in einigem Abstand stehen und halten Ihrem Hund ein Leckerli vor die Nase, aber er möchte es in dieser Situation gar nicht mehr fressen?

Was ist die Ursache?

Solange das aggressive Verhalten Ihres Hundes immer stärker wird, ist in der Situation irgendwo ein Verstärker versteckt. Eines der größten Bedürfnisse, egal, ob von Mensch oder Hund, ist die eigene körperliche Unversehrtheit. Verhält sich ein Hund aggressiv, ist das ein Punkt, bei dem man hinterfragen sollte, ob er sich in seiner körperlichen Unversehrtheit bedroht fühlt. Hierbei muss noch nicht einmal eine akute Gefahr ausgehen. Es reicht schon, wenn die Individualdistanz nicht eingehalten wird.

Sie kennen das sicherlich von sich selbst auch, dass Ihnen eine andere Person zu nahekommt. Gerne hätten Sie einen Meter Abstand zu dem fremden Menschen, aber können in bestimmten Situationen, wie auf einem Weihnachtsmarkt, diesen Freiraum nicht wahren. Sie hätten aber meist die Möglichkeit, sich mehr Freiraum zu verschaffen, sei es, dass Sie den Weihnachtsmarkt ganz meiden oder zu einer Uhrzeit gehen, wo es noch nicht ganz so voll ist.

Ihr Hund jedoch hat an der Leine oft nicht diesen Freiraum zu sagen, dass er gerne mehr Abstand hätte, weil ihm ein anderer zu nahekommt.

Im Teufelskreis gefangen

Hat ein Hund in einer Begegnung ein Problem, so kann er auf vier verschiedene Arten und Weisen reagieren: Er kann eine Spielaufforderung machen, erstarren, die Flucht ergreifen oder angreifen. Viele Hunde testen die verschiedenen Möglichkeiten aus. Gerade im Umgang mit dem Menschen ist der Angriff, also aggressives Verhalten, am effektivsten. Aggressionen werden am ernstesten genommen und haben folglich die größten Konsequenzen für den Hund.

Hunde, die ohne Leine unauffällig sind, können durch räumliche Einschränkungen (Individualdistanz) aggressives Verhalten zeigen.

Das Bedürfnis des Hundes nach körperlicher Unversehrtheit kann in der Regel mit einem Auf-Abstand-Gehen zu der aus Hundesicht eingestuften Bedrohung befriedigt werden. Das Verständnis von Abstand als Verstärker ist jedoch sowohl ein Vorteil als auch ein Nachteil. Nachteilig ist, dass ein Hund aus seiner Sicht viel zu oft mit aggressivem Verhalten Erfolg hat. Denn geht er aggressiv nach vorne, weicht entweder das Gegenüber zurück, vor allem, wenn das Gegenüber ein Mensch ist, oder sein Mensch baut Abstand auf, um die angespannte Situation zu entschärfen. In beiden Situationen folgt auf das aggressive Verhalten des Hundes eine Vergrößerung des Abstandes zu seinem eigentlichen Problem. Die Bedrohung ist weiter in die Ferne gerückt – Problem gelöst. So wird er in neuen Situationen wieder aggressiv reagieren, damit er körperlich unversehrt der Situation entkommen kann. Man befindet sich in einem Teufelskreis.

Mit der kommenden Übung für ein Training gegen Leinenaggressionen können Sie die Abstandsgewinnung als Vorteil nutzen.

Gelassen an der Leine

Die Ausgangssituation

Ihr Hund befindet sich an der Leine. Ohne Ablenkung ist er entspannt, kann fressen und ist ansprechbar. Ihr Hund kennt ein Lobwort (z. B. „Super“).

Das Ziel

Ihr Vierbeiner lernt, trotz anderer Hunde gelassen an der Leine zu bleiben. Wichtig ist, dass er versteht, dass er durch sein Verhalten (Blick zum Halter) sofort aus der Situation entkommen kann und hierdurch ein Gefühl der Sicherheit gewinnt.

Was Sie dafür brauchen:

› eine Hilfsperson mit angeleintem Hund

Schritt für Schritt

1. In weiter Entfernung steht ein Mensch mit einem angeleinten Hund. Ihr Hund nimmt beide wahr. Warten Sie den Moment ab, in dem Ihr Hund das erste Mal von dem Team wegschaut. Sagen Sie sofort Ihr Lobwort und rennen Sie mit ihm in die entgegengesetzte Richtung. Schafft Ihr Hund das Abwenden nicht oder regt er sich dabei zu sehr auf, ist der Abstand noch nicht groß genug.
2. Wiederholen Sie den ersten Schritt. Verringern Sie dabei den Abstand zu dem anderen Mensch-Hund-Team. Wichtig ist, dass immer, wenn Ihr Hund von den beiden wegschaut, er sofort mit Weglaufen belohnt wird. Ihr Hund wird mit jedem Mal immer näher an das andere Team kommen, besonders, wenn er weiß, dass er sofort Abstand gewinnen kann, wenn er von dem anderen Hund wegschaut.
3. Wenn Sie in Ruhe bis auf zwei Meter an den anderen Hund herankommen, belohnen Sie Ihren dieses Mal, indem Sie mit ihm an dem anderen Team vorbeilaufen. Achten Sie dabei darauf, dass Sie das andere Hund-Mensch-Team nicht zu eng passieren.
4. Wenn Schritt 3 mit einem neutralen Hund funktioniert, können Sie dieses Mensch-Hund-Team langsam auf sich zukommen lassen. Mit der Bewegung des Fremdhundes wird die ganze Übung direkt schwieriger.
5. Üben Sie die Schritte 3 und 4 mit den verschiedensten Hundetypen, egal welcher Rasse, und auch mit steigerndem Erregungszustand des Fremdhundes. Im Alltag trifft man schließlich oft auf Hunde, die an der Leine ziehen, bellen oder auch knurrend reagieren.

Info

Abstand als Verstärker nutzen

Sie könnten das Wegschauen Ihres Hundes zusätzlich füttern. Das Grundbedürfnis ist aber der Abstand zum anderen Hund, sodass das Training auch ganz ohne Futter funktioniert.

Mounti nimmt einen fremden Hund gelassen wahr.

Als Belohnung für das Abwenden vom Fremdhund wird durch Wegrennen Abstand zu diesem aufgebaut.

Postboten-Effekt

Liebt Ihr Hund Postboten oder gehört er zu den Vierbeinern, die Haus und Hof mit vollem Körpereinsatz und lautem Gebell verteidigen? Der Postboten-Effekt ist oft kein Zufall.

Schaut man sich die Zustellung der Post neutral von außen betrachtet an, lässt sich meist Folgendes beobachten: Der Postbote nähert sich mit Briefen und Paketen dem Grundstück. Der Hund nimmt den Postboten wahr und rennt in Richtung Haustür oder Gartenzaun. Während der Postbote die Zustellung abliefert, wird der Hund immer lauter und sein Erregungszustand steigt. Hat der Postbote alle Zusendungen abgegeben, verlässt er wieder das Grundstück. Und nun entspannt sich auch der Hund.

Verstärker finden

Aus Sicht des Hundes führt sein massives Bellen dazu, dass der Postbote das Grundstück verlässt. Auch hier wirkt vermutlich das Bedürfnis des Hundes nach Sicherheit und damit das Weggehen des Postboten als Verstärker, im Sinne von „die Bedrohung rückt weiter weg und die Ursache meines Problems verschwindet".

Ziel des Trainings ist es, dass der Verstärker, also das Weggehen des Postboten, vom Timing verbessert wird. Das heißt, dass der Postbote niemals weggehen darf, während der Hund sich aufregt, sondern wenn er wieder entspannt ist.

Parallelen im Alltag

Den Postboten-Effekt findet man in vielen Alltagssituationen wieder, in denen Hunde aggressiv auf einen Menschen oder auch auf einen Artgenossen reagieren.

Zeigt Ihr Hund ein solches aggressives Verhalten? Analysieren Sie das Zustandekommen der Situation. Was ist das Bedürfnis Ihres Hundes? Fühlt er sich bedroht? Hätte er gerne mehr Abstand? Was passiert, nachdem Ihr Hund aggressiv nach vorne gegangen ist? Entfernt sich das Gegenüber? Oder nehmen Sie mit Ihrem Hund Abstand zur Situation? Wenn Sie merken, dass Entfernung Ihrem Hund hilft, sich zu entspannen, haben Sie einen möglichen Verstärker für das unerwünschte Verhalten gefunden. Jetzt brauchen Sie „nur" noch den unerwünschten Verstärker abstellen, sodass sich Ihr Vierbeiner nicht mehr in einem Teufelskreis befindet.

Ein Sichtschutz vor dem Gartenzaun kann als Management-Maßnahme helfen, damit Ihr Hund den Postboten nicht beobachten kann.

Hund!
Wenn der Hund kommt,
flach auf den Boden legen
und auf Hilfe warten.
Wenn keine Hilfe kommt –
viel Glück!

Gelassen bleiben

Die Ausgangssituation

Sie kennen die Uhrzeit, in der normalerweise die Post geliefert wird. Ihr Hund befindet sich im Haus. Ohne Ablenkung ist Ihr Hund entspannt. Er kann fressen und ist ansprechbar.

Solange Ihr Hund noch nicht ausreichend trainiert wurde, sollten Sie durch Management die Postboten-Situation umgehen. Binden Sie Ihren Hund hierzu an und geben Sie ihm einen Kauartikel. Er soll nicht bemerken, dass der Postbote kommt. Bekommen Sie die Post geliefert, gehen Sie dem Postboten entgegen und nehmen ihm die Sendung ab. Trainieren Sie parallel Ihren Hund, sodass Sie schon bald Ihre Post an der Haustür empfangen können.

Das Ziel

Ihr Hund lernt bei einer kurzen Begegnung mit einem Menschen am Zaun oder an der Haustür entspannt zu bleiben.

Was Sie dafür brauchen:

› eine Hilfsperson, am besten männlich

Schritt für Schritt

1. Laden Sie Freunde zum Postboten-Training mit Ihrem Hund ein. Sie stehen dafür mit Ihrem Vierbeiner an der geöffneten Haustür. Ihr Besuch kommt in Ihrer beider Sichtfeld. Bleibt Ihr Hund entspannt, sagen Sie „Auf Wiedersehen“ und Ihre Freunde drehen sich sofort um und gehen von Ihnen weg, ohne Notiz von ihm zu nehmen. Wird Ihr Hund unruhig? Kein Problem. Warten Sie ab, bis Ihr Hund sich entspannt. Auch hier sagen Sie „Auf Wiedersehen“ und Ihre Freunde drehen sich augenblicklich um. Wiederholen Sie Schritt 1 so lange, bis Ihre Gäste vor der Haustür stehen bleiben können und Ihr Hund weiterhin entspannt neben Ihnen bleibt.
2. Nun arbeiten Sie an der Dauer, die der Besuch vor Ihrer Haustür steht. Wiederholen Sie Schritt 1. Hierbei bleiben Ihre Gäste immer länger stehen und

Tipp

Management für Wohnungsbesitzer

Die in der Übung genannte Management-Maßnahme „Kauknochen geben“ funktioniert nur eingeschränkt, wenn Sie in einem Mehrfamilienhaus wohnen. Jedoch gibt es auch hier folgende Möglichkeiten: Bei vielen Warenbestellungen können Sie als Lieferadresse eine Paketstation angeben. In den ersten Trainingsschritten bietet sich diese Option an. Zudem: Wenn Ihr Postbote nur Briefe zustellen muss, kann er sie auch in den Briefkasten werfen, ohne dass er klingeln muss. Und: Besucher werden durch ein nettes Gespräch erst dann verabschiedet, wenn Sie einen entspannten Hund an Ihrer Seite haben.

unterhalten sich mit Ihnen. Üben Sie Schritt 2, bis Sie ein Gespräch von einer Länge von zwei Minuten halten können. Die Aufgabe Ihres Hundes ist es, still neben Ihnen zu sitzen. Wichtig ist, dass der Besuch nicht auf den Hund achtet.

3. Wiederholen Sie Schritt 2. Diesmal schaut der Besuch auch Ihren Hund an. Bleibt er weiter entspannt, verabschieden Sie Ihren Besuch.
4. Nun ist das erste Mal die Haustür geschlossen und es wird geklingelt. Leinen Sie Ihren Hund an und öffnen Sie die Haustür. Ist Ihr Hund entspannt, verabschieden Sie sich sofort wieder vom Besuch. Achten Sie darauf, dass Ihr Hund niemals Erfolg hat – Ihre Gäste sollten nicht gehen, wenn er ein aufdringliches Verhalten zeigt.

Leila kann entspannt an der Seite ihres Frauchens liegen, da sie gelernt hat, dass sie bei Unterhaltungen keine Aufmerksamkeit erhält.

Bellen im Auto

Ist Ihr Hund aufgeregt beim Autofahren? Fährt er an sich gerne mit, sobald das Auto anhält, fängt er aber lautstark an zu bellen?

Viele Hund fahren ausgesprochen gerne Auto. Genauso wie kleine Kinder, können Sie das Ziel kaum erwarten und fiebern dem Anhalten aufgeregt entgegen. Warum ist das so?

Die Ursache

Wann darf Ihr Hund im Alltag mit Ihnen Auto fahren? Die typischen Ziele mit Hund ist der Weg zur Hundeschule, eine längere Wanderung an einem besonders schönen Ort oder die gemeinsame Fahrt in den Urlaub. Für die kürzeren Strecken, wie etwa dem Wocheneinkauf, lässt man ihn jedoch meist zu Hause – er hat ja gelernt, auch mal alleine zu bleiben. Oft meint man, seinem Hund keinen Gefallen mit der Autofahrt zu tun. Schließlich sitzt er nur im Kofferraum und zu Hause auf seinem Hundekissen hat er es mit Sicherheit viel schöner.

Lassen Sie Ihren Hund immer für Kurzstrecken daheim – wenn er im Auto warten müsste, verbindet er Autofahren mit Aktion und Spannung. Es wird etwas mit ihm unternommen und er ist voller Vorfreude, dass es endlich losgeht. In erhöhter Erregung fangen viele Hunde an zu fiepen oder zu bellen. Erreichen Sie nun Ihr Ziel und öffnen die Kofferraumtür, wird Ihr Hund für sein unruhiges Verhalten mit dem Start des Ausflugs, also dem Öffnen des Kofferraums, belohnt.

In Erwartung

Ist Ihr Hund auch in anderen alltäglichen Situationen aufgeregt? Viele Hunde zeigen ähnliche Verhaltensweisen kurz vor dem Spazierengehen oder nach dem Klingeln, wenn Besuch erwartet wird. Alle Situationen haben gemeinsam, dass sich der Hund in einer Erwartungshaltung befindet. Er reagiert aufgeregt und fängt an, unruhig durch die Wohnung zu rennen oder beginnt zu fiepen und bellen. Verstärker für dieses unerwünschte Verhalten ist das Eintreten der Erwartung des Hundes. Häufig fallen Hunde immer schneller in diese Verhaltensmuster. Sie haben gelernt, auf die „Vorboten" zu achten. Der Griff zu den Wanderstiefeln kann bereits einen gemeinsamen Spaziergang ankündigen. Wichtig beim Training ist, dass die Vorboten an Bedeutung verlieren und die Erwartung des Hundes reduziert wird. Auf diese Weise kann Ihr Hund wieder entspannter den Alltag genießen.

Wie Sie dafür am besten vorgehen, erfahren Sie auf den folgenden Seiten.

Wichtig

Hilfe vom Tierarzt

Voraussetzung für das Autotraining ist, dass die Problematik keine körperliche Ursache hat. Oft ist Übelkeit beim Autofahren ein zusätzlicher Stressor für den Hund. In diesem besonderen Fall empfehle ich einen Besuch beim Tierarzt mit Schwerpunkt Verhaltenstherapie, da eine zusätzliche Medikamentengabe gegen Übelkeit hinterfragt werden muss.

Das Aussteigen aus dem Auto ist für viele Hunde ein Verstärker. Überlegen Sie sich daher genau den Zeitpunkt, wann Sie die Türe öffnen.

Übung

Auto fahren

Die Ausgangssituation

Ihr Hund springt in den Kofferraum und ist entspannt, solange die Kofferraumtür offen ist.

Das Ziel

Ihr Hund lernt, gelassen ins Auto zu steigen und entspannt zum Ausflugsort zu fahren.

Schritt für Schritt

1. Schließen Sie die Kofferraumtür. Öffnen Sie diese, sobald sie zugefallen ist. Nehmen Sie Ihren Hund aus dem Kofferraum und gehen wieder ins Haus. Wiederholen Sie diesen Schritt mindestens zehn Mal direkt hintereinander. Zeigt Ihr Hund bereits beim Schließen der Tür Anzeichen von Aufregung, gehen Sie in noch kleineren Trainingsschritten vor, indem Sie beispielsweise nur zum Auto hinlaufen.
2. Wiederholen Sie Schritt 1. Schafft es Ihr Hund, entspannt zu bleiben, während Sie zusätzlich ins Auto steigen? Wenn ja, steigen Sie sofort wieder aus und gehen mit ihm ins Haus.
3. Klappt Schritt 2, können Sie nun den Motor Ihres Autos starten. Bleibt Ihr Hund entspannt? Super! Schalten Sie den Motor wieder aus und nehmen Sie Ihren Hund aus dem Auto.
4. Ab jetzt dürfen Sie das erste Mal ein paar Meter fahren. Bitte wirklich nur ein paar Meter! Ist auch dies kein Problem, steigern Sie die Fahrtstrecke. Ziel Ihrer Fahrt ist weiterhin das Aussteigen bei Ihnen zu Hause. So baut Ihr Hund die Erwartungshaltung an das Fahrziel ab.
5. Planen Sie eine kurze Fahrt, in der Sie eine kurze Pause machen, während Ihr Hund im Auto warten muss. Die Fahrt zum Bäcker ist eine gute Wahl.

6. Bleibt Ihr Hund bereits eine längere Zeit im Auto entspannt, können Sie zwischendurch eine Fahrt mit einem für ihn spannenderen Ziel machen. Nehmen Sie sich für den Ausflug viel Zeit. Das Trainingsziel ist jetzt, dass Ihr Hund an einem anderen Ort entspannt aussteigt. Ist er aufgeregt, warten Sie so lange ab, bis er zur Ruhe gekommen ist. Achten Sie darauf, dass Ihr Hund in seiner Erwartungshaltung nicht rückfällig wird. Die meisten Autofahrten sollten ein für ihn langweiliges Ziel beinhalten.

Tipp

Aufregung vermeiden

Zeigt Ihr Hund bei irgendeinem Trainingsschritt aufgeregtes Verhalten, ist es wichtig, dass Sie ihn nicht mit dem Herausholen aus dem Auto belohnen. Wiederholen Sie die vorigen Trainingsschritte und gehen Sie ggf. noch kleinschrittiger vor.

Eine entspannte Autofahrt bildet die Basis für einen schönen Ausflug.

Training ohne Futter – Stärken und Risiken

Übergang von Training zu Alltag

In der Hundeschule hört mein Hund perfekt. Kaum sind wir wieder zu Hause und befinden uns im Alltag, scheint er alles blitzartig wieder verlernt zu haben. Wie kann das denn sein?

Viele Hunde unterscheiden zwischen einer Trainingssituation und dem Alltag. Im Training sind sie mit der ganzen Aufmerksamkeit bei ihrem Menschen und zeigen genau das Verhalten, was er sich von dem Vierbeiner wünscht. Ist das Training vorbei, sieht die Welt schon ganz anders aus: Die Hunde fallen quasi in den Freizeitmodus. Gibt man ihm nur wenige Minuten später ein einfaches Signal, schaut er einen an, als wüsste er nicht mehr, wovon man spricht. Fragen Sie sich gerade, was dieses Thema mit Stärken und Risiken beim Training ohne Futter zu tun hat? Ganz einfach: Besonders beim Beibringen eines neuen Verhaltens wird häufig mit Futter gearbeitet. Die große Stärke von Futter ist nämlich, dass man es sehr vielseitig einsetzen kann und da Nahrung ein Grundbedürfnis ist, wird auch jeder Hund in einem gewissen Rahmen für Futter arbeiten. Eins der großen Nebenwirkungen ist, dass die Belohnung im Alltag teilweise sehr umständlich ist. Man muss immer Leckerlis mit sich führen. Hat man einmal keine Leckerlis parat, kann es schnell passieren, dass der eigene Hund ein gewünschtes Verhalten nicht ausführen möchte.

Nur ein Futterautomat?!

Hunde lernen die ganze Zeit, also während des Trainings, aber auch danach. Besonders in den Trainingseinheiten, in denen man sich auf ein spezielles Verhalten konzentriert, arbeitet man meist mit Leckerlis. Der Hund erhält in kürzester Zeit für erwünschtes Verhalten viel Futter und Aufmerksamkeit.

Ist das eigentliche Training vorbei, sinkt plötzlich die Belohnungsrate für ihn. Oft vergisst man zusätzlich im Alltag für die Erfüllung von Signalen ihm eine Belohnung zu geben. Die Belohnungsrate sinkt weiter. Der Hund lernt, dass es sich nur im eigentlichen Training lohnt, mit dem Menschen zu arbeiten.

Achten Sie daher auch im Alltag darauf, Ihren Hund für erwünschte Verhaltensweisen zu verstärken. Sie müssen hierbei nicht wie ein wandelnder Futterautomat agieren, sondern können Ihren Hund situationsbedingt belohnen, zum Beispiel durch das Öffnen der Gartentür oder dem Ableinen während eines Spaziergangs. Leben Sie frei nach dem Motto: „Ertappe deinen Hund beim lieb sein!“

Regeln aufstellen hilft

Eine Hilfe beispielsweise beim Training der Leinenführigkeit ist die Unterscheidung zwischen Halsband und Geschirr. Stellen Sie ganz klare Regeln auf, was Ihr Hund jeweils tun darf und was er nicht tun soll. Auf diese Weise können Sie Ihren Hund dabei unterstützen, zwischen Trainings- und Freizeitmodus zu unterscheiden.

Haken Sie Ihren Hund im Halsband bzw. im Geschirr ein, könnte Ihre mögliche Unterscheidung wie folgt aussehen:

› Befindet sich Ihr Hund im Halsband, dann ist Ordnung angesagt. Hier gelten die Regeln, dass die Leine permanent locker ist und sich Ihr Hund auf Ihrer Seite befindet. Er soll sich Ihrem Tempo anpassen und weder am Rand schnüffeln noch markieren.
› Wird Ihr Hund an das Geschirr geschnallt, hat er direkt mehr Freiräume. Er darf jetzt vor- und zurücklaufen so viel er will, solange er Ihnen nicht andauernd vor die Füße läuft. Die Leine ist überwiegend locker. Auch schnüffeln und markieren ist erlaubt. Ihr Hund und Sie befinden sich sozusagen im Freizeitmodus.

Egal, für welche Regeln Sie sich entscheiden, wichtig ist, dass Sie unterscheidbare Regeln festlegen und – ganz wichtig! – dass Sie selber sich an diese halten. Nur dann hat Ihr Hund eine Chance, die Bedeutung von Halsband und Geschirr wahrzunehmen. Überlegen Sie sich ähnliche Tricks für den Alltag, wie Sie Ihrem Hund mitteilen können, dass er jetzt arbeiten muss oder aber Freizeit hat.

Nugget bleibt gerne beim Umswitchen von Halsband zu Geschirr sitzen, da in den Freizeitmodus gewechselt wird.

Mit Daumenkino zum Erfolg

Soll Ihr Hund neben der Grunderziehung auch kleinere Tricks wie Pfötchen geben, Männchen machen oder eine Rolle können? Dann kommen Sie um eine Futterbelohnung nicht immer drum herum.

Die Belohnung mit Futter hat viele Vorteile. Stellen Sie sich vor, Sie möchten Ihrem Hund eine Rolle beibringen. Unterteilt man das Endverhalten, die fertige Rolle, in viele kleine Verhaltensstücke, so muss der Hund sich zunächst erst hinlegen, dann den Kopf zur Seite neigen und mit seinem restlichen Körper auf die Seite kippen. Ihr Hund muss hierbei ausreichend Schwung haben, damit er eine volle Umdrehung schafft und wieder mit dem Bauch auf dem Boden liegt. Diese Verhaltensbausteine kann man sogar in noch kleinere Schritte unterteilen. Sie können sich das Training wie ein Daumenkino vorstellen. Das ganze Daumenkino entspricht dem fertigen Verhalten. Jedes einzelne Bild ist ein Trainingsschritt, den Ihr Hund zunächst lernen muss, bevor er das Verhalten ausführen kann. Sie merken: Es sind viele Wiederholungen nötig.

Info

Belohnen nicht vergessen

Vergessen Sie nicht, jedes gewünschte Verhalten weiterhin zu belohnen, denn nur wenn es sich für Ihren Hund lohnt, wird er es dauerhaft gerne zeigen. Seien Sie hierbei kreativ bei der Wahl der Belohnung. Neben dem Futter, gibt es so viele Möglichkeiten: Von einer kurzen Streicheleinheit über ein gemeinsames Zerrspiel bis hin zu Alltagsfreiräumen, wie der Gang in den Garten.

Positionen stärken

Die Futterbelohnung ist zum Beibringen von Verhaltensweisen ideal. Man kann mittels Futter sehr viele Wiederholungen in kürzester Zeit vornehmen. Außerdem hat es große Vorteile, wenn man den Hund in einer bestimmten Position füttern kann. Ihr Hund lernt automatisch, dass diese Position gut ist und versucht sie häufiger einzunehmen.

Stellen Sie sich vor, Sie würden beim Training der Rolle statt Futter mit einem Spielzeug belohnen. Natürlich kann Ihr Hund auch damit die Rolle erlernen, es ist in der Regel aber umständlicher. Sind Sie gerade bei dem Trainingsschritt, wo Ihr Hund aus dem „Platz“ auf die Seite kippt, müsste Ihr Hund danach aufstehen, mit dem Spielzeug spielen, Sie würden ihm dieses wieder abnehmen und erst dann kann er an seinem eigentlichen Trainingsschritt weiterarbeiten. Mit einer Futterbelohnung können Sie Ihren Hund dagegen direkt in der Seitenlage füttern. Ihr Hund lernt, dass sich diese Position lohnt. Sie haben deutlich an Zeit gespart, da Sie sofort aus der Position weitertrainieren können.

Hat Ihr Hund die Rolle gelernt, können Sie Ihm zeigen, dass man auch andere Belohnungen als Futter erhalten kann. Lassen Sie ihn die Rolle machen und starten danach ein wildes Zerrspiel, oder gehen Sie mit ihm spazieren. Sobald das Verhalten gelernt ist, sind der Fantasie bei Belohnungen keine Grenzen gesetzt.

Kiwi hat viel Freude am Tricktraining. Das „auf die Seite legen“ bietet sich zusätzlich für spätere Untersuchungen beim Tierarzt an.

Angemessen verstärken

Ihnen stehen eine Vielzahl von verschiedenen Möglichkeiten zur Verfügung, Ihren Hund zu belohnen. Aber wie finden Sie heraus, welche zu welchem Zeitpunkt die sinnvollste ist?

Im Training mit Hunden gibt es viele Möglichkeiten, das gewünschte Verhalten durch eine Belohnung zu verstärken. Im Folgenden werden die Vor- und Nachteile von Futter- und Spiel-Belohnungen dargestellt.

Futterbelohnung

Ein großer **Vorteil** von Futter ist, dass es ein primäres Bedürfnis Ihres Hundes befriedigt, nämlich das Hungergefühl. Mit den unterschiedlichsten Futtersorten können Sie sowohl die Qualität (Trockenfutter, Käse, Wurst) als auch die Quantität (kleine/große/wenige/viele Stücke) sehr einfach variieren. Zudem erreichen Sie in kürzester Zeit viele Trainingswiederholungen. Im vorherigen Kapitel haben Sie eine Reihe von **Nachteilen** und die typischen Trainingsfehler bereits kennengelernt, sodass auf dessen weitere Ausführung hier verzichtet wird.

Spiel als Belohnung

Möchten Sie das Spiel mit Ihrem Hund als Verstärker einsetzen, dann finden Sie auch hier diverse Möglichkeiten, sowohl die Qualität des Spiels (Zerrspiel, Laufspiel, Ball werfen etc.) als auch dessen Quantität (Wiederholungen der Spielrunden, Dauer des Spiels) zu variieren. Ein großer **Vorteil** beim Spiel ist, dass Sie die Belohnung mit Ihrer Person verknüpfen können. Ihr Hund lernt zusätzlich, dass er mit seinem Menschen, also Ihnen, Spaß hat. Ein **Nachteil** ist, je nach Hundetyp, eine hohe Erregungslage: Manche Hunde können sich nicht gut auf das eigentliche Training konzentrieren, da sie nur das Spielzeug verfolgen (Ball-Junkies). Oft zeigen Hunde in zu hoher Erregung unerwünschtes Verhalten wie Fiepen oder Bellen. Schnelle Wiederholungen der Trainingseinheiten sind nicht so gut möglich wie beim Einsatz von Futter, es braucht mehr Zeit zum Spielen im Vergleich zur Futtergabe.

Richtige Verstärker

Anhand zweier praktischer Beispiele stelle ich Ihnen die Vor- und Nachteile angemessener Verstärker vor.

„Platz-Bleib“

Beim „Platz-Bleib“ ist das dauerhafte Liegen Ihres Hundes das Ziel. Wenn Sie das Liegenbleiben Ihres Hundes mit einem **Spiel** verstärken, werden Sie feststellen, dass er immer länger liegen bleibt. Das Training scheint zu funktionieren. Beobachten Sie Ihren Hund jedoch genau! Er erwartet beim Liegen ein Spiel als Belohnung. So liegt er in der Regel nicht entspannt, sondern ist in einer Erwartungshaltung, bereit jederzeit aufzuspringen, um endlich zu spielen.

Nutzen Sie hingegen für das gleiche Ziel eine **Futterbelohnung**, wird Ihr Hund deutlich entspannter liegen bleiben. Sie haben zudem den Vorteil, Ihren Hund im Liegen zu verstärken und gewinnen an Zeit, weil er sich nach jeder Belohnung nicht wieder hinlegen muss. Besonders wenn Sie größere Futterstücke als Belohnung verwenden, hat dies zusätzlich einen beruhigenden Effekt.

Rückruf

Arbeiten Sie allerdings an einem zuverlässigen, schnellen Rückruf, hat eine **Spielbelohnung** viele Vorteile. Sind als Ablenkungen bei einem Spaziergang andere Hunde vorhanden, an denen Ihr Hund Interesse zeigt, so ist ein Bedürfnis Ihres Vierbeiners die Bewegung. Für Ihren Hund stellt damit ein rasantes Zerrspiel oder das Jagen eines Balls eine Befriedigung seines Bedürfnisses nach Bewegung dar. Zumal Sie die Geschwindigkeit des Hundes durch das Werfen des Spielzeuges in Laufrichtung beim Zurücklaufen elegant steigern können. Mit der **Futtergabe** wird das eigentliche Bedürfnis Ihres Hundes nicht befriedigt und stellt in diesem Kontext nicht unbedingt einen idealen Verstärker dar.

Abby bleibt entspannt bei ihrem Frauchen sitzen, während im Hintergrund Hunde spielen. Die Aufmerksamkeit durch Zureden gefällt ihr.

Bedürfnisgerecht belohnen

Im Allgemeinen gilt also: Mit Futter als Belohnung lassen sich in kurzer Zeit viele Trainingswiederholungen schaffen und es ist somit gut zum Lernen eines neuen Verhaltens geeignet. Alle Verhaltensweisen, die mit Ruhe und Gelassenheit verknüpft werden sollen, sollten auch mit Verstärkern belohnt werden, die beruhigend wirken. Bei Verhaltensweisen, die schnelle Bewegungen beinhalten, bieten sich Belohnungen an, die für den Hund „Aktion“ bedeuten.

Versuchen Sie immer das Bedürfnis hinter dem zu trainierenden Verhalten zu finden, und belohnen Sie dieses entsprechend. Premack bietet hierzu eine Vielzahl an Ideen!

Top-10 der Trainingsfehler

Training mit Futter hat viele Vorteile. Es birgt aber zeitgleich auch viele Stolpersteine. Machen Sie sich die Wirkungen bewusst und nutzen Sie Futter sinnvoll.

Die zehn häufigsten Trainingsfehler im Umgang mit Futter erfahren Sie hier. Und auch, wie Sie diese Fehler zukünftig umgehen können.

1. Man arbeitet **zeitlich zu lange** mit Leckerlis in der Hand. Der Geruch des Futters wird ein Teil des Signals. Ihr Hund zeigt schnell nur noch das erwünschte Verhalten, wenn er sieht, dass es eine Belohnung gibt. Versuchen Sie im Training die Futterstücke so rasch wie möglich abzubauen. Geben Sie Ihrem Hund nur noch ein Leckerli, wenn er das gewünschte Verhalten vollständig gezeigt hat.
2. Hält man seinem Hund ein Leckerli vor die Nase und „**lockt**" ihn so in eine gewünschte Position oder zu einem gewünschten Verhalten, wie der Fußarbeit, **nimmt** er oft **nur das Leckerli wahr**. Von außen betrachtet meint man, dass der Hund schon ganz viel kann und „verstanden" hat, was Sie von ihm wollen. Fragt man aber den Hund, wird er vermutlich sagen, dass er gelernt hat, mit der Nase dem Leckerli zu folgen.
3. Hat Ihr Hund zu Hause einen **vollen Futternapf** stehen? Warum soll er sich anstrengen und mit Ihnen Arbeiten, wenn er sich sein Futter einfacher beschaffen kann. Nur wenn Ihr Hund das Futter wirklich fressen möchte, ist es ein Verstärker für ihn. Hat er keinen Hunger, ist sein Bedürfnis nach einem zusätzlichen Leckerli bereits befriedigt und kann sogar eine negative Konsequenz haben.
4. Oft wird im Training mit Futter vergessen, dass man die **Ablenkung im Alltag mittrainieren** muss. Nur weil Ihr Hund ein Verhalten im Wohnzimmer zeigt, heißt das noch lange nicht, dass es auch im Garten, in der Hundeschule bzw. auf einem Ausflug in der Stadt funktioniert.
5. Seien Sie **konsequent** bei der **Belohnung einzelner Trainingsschritte** Ihres Hundes. Hat er wirklich den gewünschten Trainingsschritt erfüllt und sich ein Leckerli verdient? Oder bekommt Ihr Hund gerade ein Leckerli, weil er sich bemüht hat, das richtige Verhalten zu zeigen? Beim Belohnen mit Futter neigen wir Menschen nämlich dazu, unserem Hund ein Leckerli zu geben, obwohl das gezeigte Verhalten nicht unserem Trainingsschritt entspricht.

Iggy hat für den Slalom gelernt, den Händen seines Herrchens zu folgen.

6. Auch wenn ein Verhalten „fertig“ trainiert ist, muss es weiter verstärkt werden. Geben Sie Ihrem Hund danach keine Leckerlis mehr, wird das **Verhalten gelöscht** und von Ihrem Hund zukünftig nicht mehr gezeigt. Sie müssen das Verhalten natürlich nicht nur mit Futter belohnen, sondern können sich alternative Belohnungen aussuchen, die Ihr Hund als Verstärker empfindet.
7. Geht man in die Hundeschule, bereitet man oft besondere Leckerlis für seinen Hund vor. Oft gibt man seinem Hund bereits zu Hause ein Stück Käse oder eine Scheibe Wurst. **Besondere Leckerlis verlieren** dabei immer mehr **an ihrer Wirkung**. Das Training mit Futter bedeutet nicht zeitgleich das Üben mit besonderen Leckerlis. Verwenden Sie zum einfachen Training zu Hause die normale Futterration Ihres Hundes. Möchten Sie später ein sehr anspruchsvolles Verhalten trainieren oder benötigen Sie umweltbedingt, etwa beim Besuch des Tierarztes, ein besonders hochwertiges Leckerli, dann haben Sie mit Käse, Leberwurst und Co. noch viele Möglichkeiten, die Qualität des Futters zu steigern.
8. Wird Ihr Hund durch die **ständige Belohnung mit Futter zu dick**? Kein Problem, ziehen Sie die zusätzlichen Leckerlis von seiner Tagesration ab. Leidet Ihr Hund unter einer Magenproblematik, achten Sie darauf, dass er abends weiterhin genug zu fressen erhält. Viele Hunde benötigen am Abend eine Kleinigkeit im Magen, da sich sonst zu viel Magensäure bildet und dies Probleme bereiten könnte. Wenn Sie Sorge haben, sprechen Sie Ihren Tierarzt beim nächsten Besuch darauf an.
9. Kommt ein Hund nicht zu einem gelaufen, wenn man ihn ruft, neigen viele Menschen dazu, ein Leckerli aus der Tasche zu holen und ihm dieses zu zeigen. Diese **versuchte Bestechung** führt in der Regel dazu, dass Ihr Hund Sie zukünftig kontrolliert, ob und was für Futter Sie dabeihaben. Lohnt es sich aus seiner Sichtweise, wird er kommen, sonst nicht. Achten Sie darauf, dass Sie nicht durchschaubar sind. Wechseln Sie die Art der Belohnungen ab. Ihr Hund wird es spannend und abwechslungsreich finden.
10. Für uns Menschen ist die bloße Gabe eines Leckerchens bereits eine Belohnung. Ob Ihr Hund das auch so sieht, erkennt man daran, ob das erwünschte Verhalten mehr oder weniger wird. In manchen Situationen ist ein anderer Hund, ein weglaufendes Kaninchen oder der eintretende Besuch eine viel größere Ablenkung und folglich auch ein viel **hochwertigerer Verstärker** für Ihren Hund. Vergessen Sie nicht, dass immer Ihr Hund entscheidet, was sich für ihn lohnt. Ihre Aufgabe ist es, herauszufinden, wie Sie ihm diese Belohnung geben können.

Milow schaut seine Halterin skeptisch an. Er weiß, dass sie keine Leckerlis mehr in ihrer Tasche hat.

Genetik ausnutzen

Jede Hunderasse hat aufgrund ihrer Genetik bestimmte Vorlieben. Nutzen Sie das Lieblingshobby Ihres Hundes zu Ihrem Vorteil aus. Ihr Hund wird es Ihnen danken!

Über Jahrhunderte sind Hunde zur Unterstützung von Aufgaben gezüchtet wurden, bei denen der Mensch Hilfe brauchte. Denn die Hunde brachten Eigenschaften mit, welche über die Möglichkeiten des Menschen hinausgingen (und natürlich heute noch hinausgehen). Auf diese Weise apportieren beispielweise Labradore das geschossene Geflügel aus Gewässern, ohne dass Bissspuren auf der Beute zu sehen sind. Dackel, welche den Dachshunden zugeordnet werden, kriechen in die Dachsbauten hinein und sorgen dafür, dass die Dachse an die Erdoberfläche kommen, damit sie vom Jäger erschossen werden können (mehr dazu auch auf Seite 41).

Jahrhundertelange Selektion

Hunde, die der erforderlichen Arbeit nicht gewachsen waren, wurden nicht weiter verpaart, sodass leistungsschwache Hunde selektiert wurden. Erst in den letzten Jahrzehnten ist der Hund vom Gebrauchshund zum Familienhund geworden. Wenn Sie einen Hund einer bestimmten Rasse besitzen, können Sie erstmal davon ausgehen, dass vor Ihnen ein Experte seiner einstigen Aufgabe steht. Nur weil er jetzt innerhalb Ihrer Familie lebt, heißt das noch lange nicht, dass seine Genetik keine Rolle mehr spielt.

Die Vorlieben Ihres Hundes, sprich dessen Genetik, kann in der Familie Fluch und Segen zugleich sein. Geben Sie daher Ihrem Vierbeiner die Möglichkeit, seine Genetik ausleben zu dürfen. Hinter ihr verstecken sich nämlich sehr starke, über Jahrhunderte selektierte Bedürfnisse. Wird die Genetik ignoriert, suchen sich Hunde oft ein eigenes Hobby, welches diese Bedürfnisse erfüllt. Typische Beispiele sind Vierbeiner, die Autos hüten, Katzen jagen oder jede Person, die am Grundstück vorbeigeht, lautstark verbellen. Haben Sie dagegen die Möglichkeit, die Bedürfnisse Ihres Hundes zu befriedigen, werden Sie einen zufriedenen, ausgeglichenen Hund als Begleiter haben.

Mit dem Hüte-Spiel (Seite 68/69) möchte ich Ihnen beispielhaft zeigen, wie Sie Ihrem Hund das Hüten an Gegenständen beibringen können.

Frieda liebt das Arbeiten und das Aufsuchen von versteckten Dummys – liegen sie unter der Erde, findet sie das besonders spannend.

Info

Die Reizangel

Für Hunde mit jagdlicher Abstammung bietet die Reizangel eine sehr gute Möglichkeit, der Genetik des Hundes gerecht zu werden. Lehren Sie ihn das Beobachten, Hetzen, Greifen und Ausgeben der Beute auf Ihr Wort.

Hüten von Gegenständen

Sinn des Hüte-Spiels ist es, Ihrem Hund eine echte Alternative zum Hüten und Treiben von Vieh zu ermöglichen. Zeigt Ihr Hund jedoch kein Interesse an der Hüte-Arbeit ist das folgende Spiel nicht zur Bedürfnisbefriedigung geeignet.

Das Ziel

Ihr Hund hütet einen von Ihnen ausgesuchten Gegenstand. Auf Ihr Wort pirscht er sich dem Gegenstand an, umrundet es links bzw. rechts herum und fixiert es mit seinem Blick.

Was Sie dafür brauchen:

› Spielzeug, das sich gut anstupsen lässt und vom Hund ins Maul genommen werden kann (Fußball, Kong, ...).

Info

Natürliche Veranlagung

Hütehunde werden die Spielregeln schnell verstehen und das Spiel lieben. Hunde ohne Hüte-Veranlagung werden das Spiel/die Übung dagegen nur schwer lernen.

Schritt für Schritt

1. Wählen Sie ein Spielzeug für Ihren Hund aus. Dieses darf Ihr Hund nur innerhalb des Hüte-Spiels verwenden. Bälle eignen sich besonders als Hüte-Gegenstände.
2. Animieren Sie Ihren Hund mithilfe Ihrer Stimme und indem Sie den Ball zwischen Ihren Händen hin- und herrollen. Er soll großes Interesse an ihm zeigen. Halten Sie den Ball nun still. In dem Moment, in dem Ihr Hund innehält und den Ball weiter beobachtet, geben Sie ihm die Erlaubnis, den Ball zu nehmen. Ihr Hund darf für sich entscheiden, was er nun mit dem Ball machen möchte. Für eine höhere Motivation Ihres Hundes können Sie den Ball unmittelbar nach der Erlaubnis zum Aufnehmen leicht anstupsen, sodass der Ball zu Ihrem Hund rollt.
3. Fixiert Ihr Hund zuverlässig den Ball? Super! Jetzt soll Ihr Hund einen langsamen Schritt in Richtung des Balles machen. Erst dann bekommt er die Belohnung durch den Ball – er darf nun selbst entscheiden, ob er mit dem Spielzeug wegflitzen möchte oder nicht. Haben Sie für diesen Schritt Geduld, die Bewegung Ihres Hundes wird kommen.
4. Erarbeiten Sie sich schrittweise das Anpirschen Ihres Hundes. Hat er das Spiel verstanden, werden Sie es an seiner Körpersprache sehen können. Ihr Hund wird mit der Zeit immer

mehr eine geduckte Körperhaltung einnehmen und sich erst nach Ihrer Erlaubnis blitzartig auf den Ball zubewegen.

5. Versuchen Sie nun langsam einen Schritt nach links zu gehen. Können Sie beobachten, dass Ihr Hund sich entgegengesetzt bewegt, um den Ball auf keinen Fall aus den Augen zu verlieren? Bravo, jetzt haben Sie eine Alternative zur Arbeit mit echtem Vieh gefunden.

Geben Sie Ihrem Hund den ausgewählten Gegenstand nicht zur freien Verfügung. Der Gegenstand soll etwas Besonderes sein und nur in Verbindung mit Ihnen zum Hüte-Vergnügen führen.

Tess liebt das Hüte-Spiel. Sie hat gelernt, einen Tannenzapfen zu ihrem Halter zu bringen und den Zapfen zu fixieren, bis er diesen berührt.

Alltag ohne Futterbelohnung meistern

Ein „Sitz" für alle Fälle

Ein gutes „Sitz“ ist Gold wert! Aber für dieses einfache Verhalten immer ein Leckerli geben? Hier erfahren Sie, wie Sie auch ohne Futter ein bombensicheres Hinsetzen trainieren können.

Das erste Verhalten, das ein Hund lernt, ist in der Regel das Hinsetzen. Es ist darum auch nicht verwunderlich, dass er sich als erstes hinsetzt, wenn ihm kein anderes Verhalten einfällt, was er zeigen könnte. Warum also nicht diesen Effekt nutzen? Ein Hund der gut und sicher sitzt, ist ein entspannter Weggefährte. Viele Probleme im Alltag lassen sich durch ein einfaches „Sitz“ lösen: Der Besuch kann nicht von einem sitzenden Hund angesprungen werden, die Spülmaschine kann man ohne einen leckenden Hund zwischen den Tellern ein- und ausräumen. Gefahren, wie das Aussteigen aus dem Auto oder das Warten vor einem Straßenübergang, können durch einen sitzenden und wartenden Hund deutlich minimiert werden.

Mit den folgenden drei Übungen stelle ich Ihnen das „Sitz“-Training mit einer bedürfnisorientierten Belohnung vor. Es bietet sich an, zunächst die Übung mit dem Futternapf zu üben, damit Ihr Hund eine erste Idee von dem gewünschtem Verhalten erhält.

Gelassen zum Napf

Das Ziel

Sie können Ihrem Hund in Ruhe seine Mahlzeit vorbereiten und ihm den Futternapf auf den Boden stellen, während er geduldig auf das Startsignal zum Fressen wartet.

Was Sie dafür brauchen:

- Futternapf
- Futter

Schritt für Schritt

1. Geben Sie Ihrem Hund ein „Sitz"-Signal. Sobald er sich hingesetzt hat, führen Sie die gefüllte Futterschüssel in Richtung Boden. Ist Ihr Hund ungeduldig und bewegt sich? Dann nehmen Sie die Schüssel sofort wieder nach oben. Wiederholen Sie diesen Schritt.
2. Haben Sie mit der Schüssel den Boden erreicht, während Ihr Hund sitzen geblieben ist? Super! Dann darf Ihr Hund, nachdem Sie das Auflösesignal gesagt haben, den Inhalt der Schüssel jetzt fressen.
3. Nehmen Sie nun den gefüllten Napf in die Hand. Warten Sie ab jetzt ab, dass sich Ihr Hund von alleine hinsetzt. Erst dann gehen Sie mit der Schüssel in Richtung Boden.
4. Wiederholen Sie die Schritte solange, bis Sie die Schüssel auf den Boden stellen können, ohne sie vorher nochmals zurückziehen zu müssen.
5. Nun können Sie an der Dauer des Wartens arbeiten. Stellen Sie die Schüssel auf den Boden. Zählen Sie langsam bis drei. Bleibt Ihr Hund brav sitzen? Geben Sie Ihrem Hund mit dem Auflösesignal die Erlaubnis, den Napf leer zu fressen.

Wichtig

Aufgepasst: Futterneid

Diese Übung dient einem sicheren „Sitz". Testen Sie nicht durch Wegnehmen der Futterschüssel, ob Ihr Hund dies toleriert. Denn das kann dazu führen, dass sich Ihr Hund aus Sorge, kein Futter zu bekommen, erst recht auf den Napf stürzt und überhastet den Inhalt leeren möchte.

Kiwi hat bereits verstanden, dass man sitzen bleiben muss, bis das „OK" zum Aufstehen ertönt.

Gesittet an die Leine

Das Ziel

Sie können entspannt einen Spaziergang starten: Während Ihr Hund geduldig wartet, ziehen Sie sich Ihre Schuhe und Jacke an.

Was Sie dafür brauchen:

- Hundeleine

Schritt für Schritt

1. Leinen Sie Ihren Hund am Halsband an. Geben Sie ihm vor der noch geschlossenen Haus- bzw. Wohnungstür das „Sitz"-Signal. Setzt er sich, öffnen Sie sofort die Tür und gehen mit ihm spazieren.

Ganz entspannt bleibt Mounti sitzen, während er von seinem Frauchen angeleint wird.

2. Wiederholen Sie Schritt 1. Nun soll Ihr Hund sitzen bleiben, bis die Tür vollständig geöffnet ist. Ist Ihr Hund vorher aufgestanden? Kein Problem. Schließen Sie bei der kleinsten Bewegung Ihres Hundes wieder die Türe und starten Sie den Schritt von vorne. Für die meisten Hunde ist das Spazierengehen und damit verbunden das aus der Haustüre gehen ein Verstärker. Ihr Hund wird schnell lernen, sitzen zu bleiben, damit der Spaziergang endlich losgeht.
3. Leinen Sie Ihren Hund im Flur vor der Türe an. Sobald er sich hinsetzt, ziehen Sie sich Ihre Jacke an. Schafft Ihr Hund es, die ganze Zeit sitzen zu bleiben? Super, dann kann der Spaziergang losgehen!
4. Wiederholen Sie Schritt 3. Sie können die Zeit des Sitzens weiter ausbauen, indem Sie Ihren Hund immer eher anleinen. So können Sie sich zwischen Anleinen und Türöffnen in Ruhe für den Spaziergang fertigmachen.

Info

Warum Halsband?

Möchten Sie eine Unterscheidung von Trainings- und Freizeitmodus (s. Seite 56/57) erarbeiten, dann sollten Sie diese Übung mittels Halsband trainieren. Alternativ kann sie natürlich auch mit dem Geschirr durchgeführt werden.

Übung

Ab in die Freiheit

Das Ziel

Sie leinen Ihren Hund ab. Ihr Hund bleibt so lange sitzen, bis Sie ihm die Erlaubnis zum Loslaufen gegeben haben.

Schritt für Schritt

1. Ihr Hund ist angeleint. Geben Sie Ihrem Hund ein „Sitz“-Signal. Sobald er sich hinsetzt, machen Sie die Leine ab und er darf laufen, nachdem Sie das Auflösesignal gesagt haben.
2. Wiederholen Sie den vorherigen Schritt. Beobachten Sie Ihren Hund: Können Sie Ansätze erkennen, dass er sich hinsetzt, bevor Sie das „Sitz“-Signal geben?
3. Warten Sie dieses Mal, bis sich Ihr Hund von alleine hinsetzt.
4. Stellt der dritte Schritt keine Herausforderung für Ihren Hund dar? Legen Sie ein Stück Käse auf den Boden und wiederholen Sie den dritten Schritt. Schafft es Ihr Hund, sich trotz Ablenkung hinzusetzen? Super! Ihr Hund hat nun eine Idee davon bekommen, dass es sich lohnt, sich hinzusetzen, damit man danach seinen Wunsch bekommt.
5. Wiederholen Sie Schritt 3 mit unterschiedlichen Ablenkungen, zu denen Ihr Hund nach dem Hinsetzen hinlaufen darf. Mögliche Ablenkungen sind die Begrüßung von Besuchern, der Freilauf mit Schnüffeln auf einer großen Wiese oder das Toben mit anderen Hunden.

Tipp

Vorsicht beim Ableinen

Schnaken Sie mit dem Haken zwei- bis dreimal, bevor Sie Ihrem Hund sagen, dass er aufstehen darf. Auf diese Weise wird das Geräusch des Karabiners beim Lösen der Leine nicht zum zukünftigen Signal des Freilaufens. Ihr Hund wartet viel mehr ab, bis Sie ihm das „OK“ gegeben haben.

Milla wartet auf das Signal, dass sie aufstehen und losrennen darf. Da hat sich das Sitzenbleiben aus ihrer Sicht gelohnt.

Laufen an lockerer Leine

Die Basis für jeden Spaziergang mit Hund ist das Laufen an lockerer Leine. Dies ist maßgeblich entscheidend, wie entspannt der Ausflug für Hund und Mensch verläuft.

Das Laufen an lockerer Leine sieht von außen betrachtet immer sehr einfach aus. Im Training stellt es jedoch häufig eine große Herausforderung dar. Die Schwierigkeit bei der Leinenführung ist die eigene Konsequenz beim Training, denn der Hund lernt die ganze Zeit, sobald er an der Leine ist. Demzufolge gilt auch für uns Menschen: Das Leinentraining beginnt bereits mit dem Anleinen des Vierbeiners.

Ziehen wirkt selbstverstärkend

Oft hat man es im Alltag eilig. Besonders wenn man Besorgungen mit einer schnellen Gassi-Runde verbindet, achtet man nicht immer auf eine saubere Leinenführung.

Zugleich Vorteil und Nachteil beim Leinentraining ist, dass das Vorwärtsgehen meist ein Verstärker für den Hund ist. Zieht der Hund an der Leine und gehen wir mit strammer Leine weiter, so wird der Hund für das Ziehen indirekt belohnt. Er wird mit der Zeit stärker ziehen, um an sein Ziel zu kommen.

In der folgenden Übung finden Sie zwei Möglichkeiten, wie Sie das Laufen an lockerer Leine trainieren können.

Iggy ist meist sehr gemütlich unterwegs und trottet seinem Herrchen folgsam hinterher.

Der Weg ist das Ziel

Das Ziel

Sie gehen mit Ihrem Hund an lockerer Leine spazieren. Ihr Hund orientiert sich selbstständig an Ihnen und passt sich Ihrem Tempo an.

Was Sie dafür brauchen:

- ggf. Leckerlis
- Spielzeug

Methode 1: Mit Verstärkern arbeiten

Der Schwerpunkt der Fußarbeit liegt immer im Verstärken des gewünschten Verhaltens.

Läuft Ihr Hund neben Ihnen, wobei die Leine locker durchhängt? Super! Belohnen Sie ihn. Sie können einfach weiterlaufen. Wenn Sie das Ziel einer schönen Leinenführigkeit noch schneller erreichen möchten, sollten Sie Ihrem Hund eine zusätzliche Belohnung geben.

- Mit der **Gabe eines Leckerlis** können Sie Ihren Hund verstärken, ohne dass seine Erregungslage dabei zu stark ansteigt. Haben Sie einen Vierbeiner, der eher etwas hinter Ihnen herläuft, sollten Sie ihn weiter vorne füttern, eilt er Ihrem Tempo im Allgemeinen voraus, füttern Sie ihn weiter hinten.
- Liebt Ihr Hund Action, können Sie ihn auch mit einem **Zerrspiel** belohnen. Viele aktive Hund sind allerdings bereits alleine durch den Spaziergang sehr aufgeregt. Mit einem Zerrspiel ist es dann sehr wahrscheinlich, dass er sich in seiner Erregungslage weiter steigert. Eine konzentrierte Fußarbeit wird ihm dadurch schwerer fallen.
- Ist Ihr Hund auf einem Spaziergang weder durch Futter noch durch Spiel zu begeistern? Oder möchten Sie, dass Ihr Hund auch **ohne** eine **weitere Belohnung** entspannt an Ihrer Seite läuft? Kein Problem. Auch hier gilt: Ist die Leine locker, gehen Sie Ihren Weg normal weiter (selbstbelohnendes Laufen).

Damit Iggy lernt, nicht so weit hinten zu laufen, erhält er sehr weit vorne sein Leckerli.

Methode 2: Motivation nutzen

Genauso wie man gewünschtes Verhalten durch eine Belohnung verstärken kann, so kann man unerwünschtes Verhalten durch eine Strafe weniger werden lassen.

Im Folgenden wird eine sehr sanfte Art der Strafe angewandt. Ich schreibe hier ausdrücklich, dass es sich um eine Strafe handelt, damit man sich dieser Form des Trainings bewusst ist. Der Schwerpunkt des Trainings sollte definitiv im Verstärken des gewünschten Verhaltes, also der lockeren Leine, und nicht im Strafen des unerwünschten Verhaltens liegen. Die zweite Methode sollte daher nur eingesetzt werden, um dem Hund mitzuteilen, dass er einen Fehler (Ziehen an der Leine) gemacht hat. **Wichtig** ist hierbei: Damit der Hund überhaupt einen Fehler machen kann, muss er natürlich vorher verstanden haben, was Sie von ihm möchten. Zeigen Sie ihm daher zunächst über die erste Methode, was Sie unter dem Laufen an der Leine verstehen.

Jetzt aber zur Anwendung:

- Jedes Mal, wenn die Leine straff wird, bleiben Sie nicht stehen, sondern gehen rückwärts und zwar so lange, bis Ihr Hund sich wieder auf Ihrer Höhe befindet.
- Hat er Ihre Höhe erreicht, gehen Sie direkt wieder vorwärts.

Die angewandte Strafe liegt im Rückwärtsgehen. Ihr Hund möchte schließlich eigentlich weiter geradeaus laufen. Durch das Rückwärtsgehen entfernen Sie sich und Ihren Hund wieder vom Ziel.

Wichtig ist, dass Sie wirklich rückwärtsgehen und sich nicht einfach umdrehen, bis Ihr Hund auf Ihrer Höhe ist und sich anschließend wieder in die gewünschte Laufrichtung umdrehen. Würden Sie sich nämlich einfach für ein kurzes Stück umdrehen, würden Sie für Ihren Hund die Richtung des Nach-vorne-Laufens neu definieren und die eingesetzte Strafe wird deutlich an Wirkung verlieren. Achten Sie beim Abbremsen und Rückwärtsgehen darauf, dass Sie nicht ausversehen an der Leine ziehen oder Ihr Hund einen Ruck am Halsband erfährt. Die einzige Konsequenz auf das Verhalten soll wirklich nur das Rückwärtsgehen sein!

Kombinationen sind erlaubt

Sieht Ihre Leinenführung wie eine Art Ziehharmonika aus? Das heißt, gehen Sie mit Ihrem Hund immer abwechselnd vorwärts und aufgrund seines Ziehens sofort wieder rückwärts und dies den ganzen Spaziergang? Ihr Hund hat in diesem Fall noch nicht verstanden, was Sie von ihm wollen. Indem Sie vor jedem neuen Nach-vorne-Gehen eine kurze Unterbrechung von ca. fünf Sekunden durchführen und warten, dass Ihr Hund einen kurzen Moment mit lockerer Leine entspannt neben Ihnen steht, helfen Sie ihm, sich auf das Wesentliche, nämlich die lockere Leine, zu konzentrieren.

Diese Kombination von Verstärken des gewünschten Verhaltens und Strafen des unerwünschten Verhaltens ist sehr effektiv! Besonders Hunden, die nicht in allen Situationen Futter annehmen, kann durch diese Methode des Rückwärtsgehens die Leinenführigkeit weiter antrainiert werden.

Nugget hat etwas gesehen und läuft, von der Neugier gepackt, in die stramme Leine.

Als Konsequenz gehen Nugget und seine Halterin rückwärts, bis er wieder auf der Höhe seines Frauchens angekommen ist.

Zuverlässiger Rückruf

Ein Leben ohne Leine bedeutet Freiheit und Vertrauen. Ein sicherer Rückruf ist ausschlaggebend, ob Sie den Spaziergang genießen können oder in Sorge die Umgebung nach Problemen abscannen.

Damit der Rückruf im Alltag sicher funktioniert, braucht es einiges an Training. Nutzen Sie jede Gelegenheit, von der Sie wissen, dass Ihr Hund freudig zu Ihnen gelaufen kommt. Tägliche Rituale wie die Futtergabe, die Vorbereitung zum Spaziergang oder auch eine geplante Trick-Trainingseinheit können Sie zum Üben des Rückrufes verwenden. Ihr Hund lernt automatisch, dass es sich lohnt, zu Ihnen zu kommen, da ihm eine große Portion Futter, ein spannender Ausflug oder eine intensive Trainingseinheit mit Ihrer ganzen Aufmerksamkeit erwartet. Sie finden mit Sicherheit noch viel mehr Situationen, in denen Ihr Hund immer als Erster dabei sein möchte.

Besonders außerhalb Ihres Zuhauses ist es wichtig, dass Ihr Hund eine für ihn deutlich hochwertigere Belohnung erhält, als es die Umgebung bzw. die Ablenkung ihm bieten kann. Ihr Hund sollte immer mit dem Gedanken zu Ihnen kommen, dass er gerade im Lotto gewonnen hat, da er bei Ihnen die bestmögliche Belohnung erwartet.

Bedürfnisgerecht belohnen

Belohnen Sie Ihren Hund bedürfnisgerecht. Tollt Ihr Hund gerne beim Freilauf über die Wiesen herum und flitzt dabei wie eine Rakete von einer Stelle zur nächsten? Dann ist das Bedürfnis Ihres Hundes, seine Bewegung ausleben zu können. Verstärken Sie sein Kommen durch Aktion. Spielen Sie ein wildes Zerrspiel mit ihm, werfen Sie einen Ball oder laufen Sie ein Wettrennen in die entgegengesetzte Richtung.

Seien Sie vor allem bei der Belohnung Ihres Hundes nicht vorhersehbar. Weiß Ihr Hund immer, was ihn Positives bei Ihnen erwartet, kann er bei einer Ablenkung eine Entscheidung treffen, ob es sich für ihn lohnt zu kommen oder ob die Ablenkung besser ist. Wenn er nicht weiß, wie die Belohnung bei Ihnen aussieht, fällt das Abwägen deutlich schwerer. Das Zurücklaufen ist wie ein Lottospiel für ihn. Er weiß nicht, was ihn als Preis erwartet, nur eins ist sicher: Entgegen dem echten Lotto, hat Ihr Hund immer einen Gewinn.

Typische Fehler beim Rückruf

Der Grund, warum man einen zuverlässigen Rückruf benötigt, ist zum einen der Aspekt der Sicherheit, damit seinem eigenen Hund nichts passiert, aber auch Rücksichtnahme gegenüber unseren Mitmenschen. Schnell passiert es, dass man seinen Hund immer dann ruft, wenn in der Umgebung etwas passiert. Sei es ein Spaziergänger, Fahrradfahrer oder ein anderer Hund, der plötzlich zu sehen ist. Ruft man seinen Hund nur in diesen Momenten zu sich, lernt er sehr schnell die Umgebung abzuscannen, sobald er von Ihnen gerufen wird.

Leinen Sie Ihren Hund nicht immer direkt an, wenn er zu Ihnen kommt. Geben Sie ihm eine Belohnung und lassen Sie ihn wieder in den Freilauf. Auf diese Weise lernt Ihr Hund, dass der Rückruf kein Ende von Spaß, sondern vielmehr noch mehr Freiheit und Lebensqualität bedeutet.

Zum anderen neigt man dazu, den Hund zu rufen, wenn er sich zu weit von einem entfernt. Wenn der Rückruf positiv trainiert wurde, ist er laut Premack zeitgleich auch ein Verstärker für vorheriges Verhalten. Rufen Sie Ihren Hund immer dann, wenn er sich von Ihnen entfernt, so wird sich Ihr Hund immer weiter von Ihnen abwenden, damit er wieder gerufen wird.

Achten Sie daher darauf, dass Sie zum größten Teil Ihren Hund rufen, wenn er Verhaltensweisen zeigt, die Sie auch zukünftig von ihm sehen möchten. Im Freilauf bildet jeder Blickkontakt oder jedes Drehen in Ihre Richtung eine gute Möglichkeit seinen Hund zu sich zu rufen und dieses Verhalten weiter zu verstärken.

Die beiden folgenden Übungen unterstützen Sie dabei, dieses Verhalten bei Ihrem Hund zu festigen.

Mounty ist im Galopp, als er gerufen wird. Hoffentlich hat er nicht gelernt, erst wegzulaufen, um anschließend gerufen und belohnt zu werden.

Rückruf unter Ablenkung

Das Ziel

Ihr Hund kommt in jeglichen Situationen unmittelbar, in zügigem Tempo und auf direktem Weg zu Ihnen gelaufen, wenn Sie ihn zu sich rufen.

Als Belohnung können Sie hierbei jeglichen Verstärker wählen. Der Einfachheit halber beschränke ich mich bei der Übung auf den Einsatz von Spielzeug.

Was Sie dafür brauchen:

- Hilfsperson
- Spielzeug

Schritt für Schritt

1. Eine Hilfsperson hält Ihren Hund fest. Zeigen Sie Ihrem Vierbeiner das Spielzeug und animieren Sie ihn, zu Ihnen zu kommen. Kann er es nicht mehr abwarten zu Ihnen zu laufen? Dann ist der richtige Zeitpunkt gekommen, ihn zu rufen. Erst jetzt lässt die Hilfsperson Ihren Hund los. Sobald er bei Ihnen ist, starten Sie ein Zerrspiel.
2. Wiederholen Sie Schritt 1. Diesmal rufen Sie erst Ihren Hund, sobald er gestartet ist, animieren Sie ihn mit dem Spielzeug, schneller zu laufen. Zögern Sie das Animieren immer

Milla möchte auch mit dem Frisbee spielen.

weiter heraus, bis Ihr Hund auch ohne Ihre Anfeuerung durch das Spielzeug schnellstmöglich angelaufen kommt.

3. Jetzt wird es spannend. Die Hilfsperson bekommt das Spielzeug. Ihr Hund befindet sich in der Nähe der Hilfsperson und möchte das Spielzeug haben. Rufen Sie Ihren Hund zu sich. In dem Moment, wenn er sich zu Ihnen umdreht, wirft die Hilfsperson das Spielzeug in Laufrichtung des Hundes zu Ihnen. Ihr Vierbeiner lernt, von der Ablenkung abgerufen zu werden, wobei die Ablenkung zeitgleich auch zu seiner Belohnung wird.
4. Die Hilfsperson steigert kleinschrittig die Ablenkung. Königsdisziplin ist es, den eigenen Hund von einem wilden Zerrspiel mit der Hilfsperson abrufen zu können!

Info

Vorsicht ist die Mutter der Porzellankiste

Rufen Sie Ihren Hund nur, wenn Sie sich über sein Kommen sicher sind. Kommt er nur zögerlich, ist das ein erster Warnhinweis. Beim Rückruf ist es wichtig, dass Ihr Hund immer kommt. Ist Ihr Hund in Ihrer Nähe und entfernt sich nicht? Warten Sie nicht auf sein Weggehen, sondern loben Sie ihn für seine tolle Idee!

Als Belohnung dafür, dass sie trotz Frisbee zu ihrem Frauchen läuft, erhält sie die Scheibe als Verstärker.

Aufmerksamkeit fördern

Das Ziel

Sagen Sie Ihrem Vierbeiner im Freilauf Bescheid, wenn Sie die Richtung ändern oder einen anderen Weg einschlagen? Das ist mit Sicherheit sehr nett von Ihnen gemeint und auch äußerst praktisch für Ihren Hund. Schöner wäre es aber, wenn Ihr Vierbeiner von alleine darauf achtet, dass er mitbekommt, wohin sein Familienrudel wandert. Versteckem-Spiele fördern auf spannende Weise die Aufmerksamkeit Ihres Hundes. Schließlich muss er achtgeben, dass sich sein Frauchen nicht schon wieder hinter einem Baum versteckt oder Herrchen es schafft, auf gerader Strecke verloren zu gehen.

Das Ziel ist, dass Ihr Hund während eines Spazierganges permanent aufmerksam ist und regelmäßig Blickkontakt zu Ihnen sucht.

Was Sie dafür brauchen:

- ggf. Hilfsperson
- Spielzeug (oder ggf. Leckerlis)

Schritt für Schritt

1. Sie gehen mit Ihrem Hund einen Waldweg entlang. In dem Moment, wo Ihr Hund in Ihre Richtung schaut, rennen Sie los und verstecken sich hinter einem Baum. Belohnen Sie Ihren Hund mit einem Leckerli oder einem Spiel.
2. Diesmal verstecken Sie sich, wenn Ihr Hund Sie gerade nicht beobachtet. Geben Sie ein kurzes „Piep-Geräusch“, damit Ihr Vierbeiner merkt, dass Sie verloren gegangen sind, schließlich soll er nicht in Panik geraten. Freuen Sie sich, wenn Sie gefunden wurden.
3. Warten Sie diesmal mit der Hilfe des „Piep-Geräusches“. Es ist sinnvoll, dass eine Hilfsperson Sie auf Ihrem Spaziergang begleitet. Sie kann Ihnen Hinweise geben, wenn Ihr Hund Hilfe benötigt. Schließlich kann es passieren, dass Sie Ihren Vierbeiner aus Ihrem Versteck heraus nicht gut beobachten können.
4. Steigern Sie den Schwierigkeitsgrad. Sind Sie mit der ganzen Familie unterwegs, kann sich zeitweise ein oder sogar mehrere Familienmitglieder verstecken.
5. Spannend ist es, wenn Sie mit mehreren Hunden unterwegs sind. Ihr Vierbeiner lernt, trotz gleichzeitigem Spiel mit anderen Hunden, Sie immer im Blick zu haben, schließlich könnten Sie plötzlich hinter einem Baum verloren gehen.

Irgendwo hat sich Frauchen versteckt, da ist sich Mounti ganz sicher. Aber wo ist sie nur?

Übung

Das unsichtbare Band

Das Ziel

Würden Sie Ihren Hund gerne öfter auf einem Spaziergang von der Leine lassen, trauen sich aber nicht, da Ihr Hund dann einen zu großen Radius um Sie einnimmt? Ein Training mit Richtungswechseln hilft, die Distanz im Freilauf zwischen Ihnen und Ihrem Hund zu verringern.

Was Sie dafür brauchen:

› ggf. Schleppleine

Wenn Sie sich unsicher sind, wie sich Ihr Hund ohne Leine verhält, starten Sie das Training mit einer Schleppleine – diese sollte maximal fünf Meter lang. Üben Sie zunächst auf einer großen, ablenkungsarmen Wiese.

Schritt für Schritt

1. Befestigen Sie die Leine am Geschirr Ihres Hundes. Je nachdem wie sicher Sie und Ihr Hund sind, können Sie die Leine zunächst festhalten oder direkt neben sich herschleppen lassen.
2. Machen Sie einen Knoten etwa einen Meter vor Ende der Leine.
3. Ab jetzt gilt: Sobald sich der Knoten der Schleppleine an Ihrer Seite vorbeibewegt, sagen Sie „Ende“ und rennen so schnell wie möglich in die entgegengesetzte Richtung von Ihrem Hund.
4. Ihr Hund rennt Ihnen vermutlich unmittelbar nach. Hat er Sie eingeholt, loben Sie ihn verbal und gehen wieder in die eigentlich von Ihnen geplante Richtung weiter. Beobachten Sie den Knoten der Leine. Überholt er Sie, rufen Sie sofort „Ende“ und rennen wieder in die entgegengesetzte Richtung. Folgt Ihr Hund Ihnen nicht, nehmen Sie das Ende der Leine in die Hand und verhindern durch einfaches Weitergehen, dass sich Ihr Hund an einer bestimmten Stelle festschnuppert oder anderweitig selber bespaßt.

Meistens liegt der Fokus beim Freilaufen darauf, dass der Hund nicht zu weit vorausläuft. Achten Sie daher darauf, dass Sie „Ende“ rufen und nach vorne laufen, wenn Ihr Vierbeiner stehen bleibt, um beispielsweise an einer bestimmten Stelle zu schnüffeln und der Knoten der Leine an Ihnen vorbei nach hinten geht, da Sie eine schnellere Geschwindigkeit als Ihr Vierbeiner haben. Gehen Sie bei dem Richtungswechsel-Spiel in Ihrer Geschwindigkeit spazieren und versuchen Sie nicht, wegen Ihrem Hund stehen zu bleiben und auf ihn zu war-

Wichtig

Konsequenz ist gefragt

Achten Sie bei dieser Übung darauf, dass Sie wirklich konsequent mit dem „Ende“-Signal und dem Weglaufen sind.

ten, wenn er sich an einer Stelle etwas länger aufhält. Sind Sie konsequent mit dem schnellen Weglaufen in die entgegengesetzte Richtung Ihres Hundes, wird er sich immer mehr in Ihrer direkten Umgebung aufhalten.

Der Weg zur unsichtbaren Leine

Bauen Sie nun schrittweise die Schleppleine ab. Wichtig ist hierbei, nicht sofort die ganze Leine vom Hund abzumachen, sondern diese kleinschrittig zu kürzen. Die Leine hat nämlich ein eigenes Gewicht am Geschirr Ihres Hundes und dieses Gewicht hat er beim Wechsel-Spiel mit verknüpft.

Können Sie entspannt mit Ihrem Hund auf einer großen ablenkungsarmen Wiese spazieren gehen, ohne ständig die Richtung zu wechseln, da Ihr Hund Ihren gewünschten Radius verlässt? Super! Sie sind bereit sich einen neuen Trainingsort mit einer leicht größeren Ablenkung auszusuchen.

Auch hier kann erwünschtes Verhalten von Ihnen zusätzlich belohnt werden. Geht Ihr Hund an Ihrer Seite oder aber bleibt stehen und dreht sich zu Ihnen um, können Sie ihm ein Leckerli geben oder ein Zerrspiel machen. Auf diese Weise lernt er noch schneller, sich näher bei Ihnen aufzuhalten.

Tess nimmt an Geschwindigkeit auf und läuft an ihrem Halter vorbei.

Damit hat Tess nicht gerechnet: Ihr Halter ändert plötzlich die Richtung und läuft weg. Jetzt aber schnell umdrehen und hinterher.

Anti-Erwartungshaltung

Ob ein Besuch im Restaurant, ein kurzes Gespräch auf der Straße oder der Empfang von Besuch an der Haustür – nichts ist wichtiger, als ein Hund, der in den unterschiedlichsten Situationen mit Ruhe und Gelassenheit reagiert.

Die meisten Hunde verbringen die überwiegende Zeit des Tages schlafend in der Wohnung. Ob Ihr Hund aufgrund von Ihren Arbeitszeiten alleine ist, oder Sie im Haushalt beschäftigt sind, in der Regel wird Ihr Hund in dieser Zeit nicht beachtet. Die Zeit, die Sie mit Ihrem Hund aktiv verbringen, wird von Ihrem Hund als noch wertvoller eingestuft. Es ist daher kein Wunder, dass er voller Vorfreude einem gemeinsamen Ausflug entgegenfiebert.

Ruhe zahlt sich aus

Bedenken Sie, dass Ihre Aufmerksamkeit für Ihren Hund einen Verstärker darstellt. Ist er aufgeregt und Sie gehen auf dieses Verhalten durch beruhigende Worte ein, wird er mit der Zeit immer aufgeregter reagieren. Es ist daher wichtig, dass Sie von Beginn an viel Wert auf Ruhe legen.

Man kann das Training der Gelassenheit mit dem Autofahren vergleichen. Versetzen Sie sich in Ihre ersten Fahrstunden zurück. Können Sie sich noch an das Bedienen der Kupplung erinnern? Nur wenn Sie beim Anfahren die Kupplung langsam kommen lassen, schaffen Sie es Ihr Auto in Bewegung zu setzen. Die anschließenden Meter stellen im Vergleich keine große Herausforderung mehr da. Genauso ist es auch im Training mit Ihrem Hund. Die ersten Schritte eines Abenteuers sind von besonderer Bedeutung. Achten Sie darauf, dass Ihr Hund bereits hier entspannt ist. Ansonsten wird seine Aufregung den ganzen Ausflug über anhalten.

Heute stellt das Anfahren für Sie mit Sicherheit keine Schwierigkeit mehr da. Sie starten das Auto ohne weiter über die einzelnen Schritte nachzudenken. Aber auch für Sie gibt es Situationen, wo ein so einfaches Verhalten, wie das Anfahren eine große Herausforderung darstellt. Stellen Sie sich nur einen steilen Berg vor, an dem Sie an einem schneereichen Tag anfahren sollen.

Auch wenn Ihr Hund in der Regel entspannt reagiert, gibt es immer Situationen, die er noch nicht kennengelernt hat und für die er einfach Übung und Erfahrung braucht, um sie erfolgreich zu meistern. Helfen Sie Ihrem Hund, gelassen den Alltag zu erleben.

Im Folgenden stelle ich für drei unterschiedliche Situationen ein Training für mehr Gelassenheit vor.

Elenja ruht sich in ihrer Box aus und träumt bereits vom nächsten Abenteuer.

Restaurantbesuch

Das Ziel

Sie gehen in ein Restaurant. Während Sie Ihr Essen genießen, liegt Ihr Hund still zu Ihren Füßen unter dem Tisch. Kellnern und andere Restaurantbesuchern begegnet Ihr Vierbeiner beim Liegen mit Desinteresse.

Was Sie dafür brauchen

- eine Decke
- Leine
- ggf. Leckerlis

Welpe und Junghund

Ist Ihr Hund noch ein Welpe oder ein junger Hund? Das ist das perfekte Alter, um den Restaurantbesuch zu trainieren.

Schritt für Schritt

1. Lasten Sie Ihren Hund vorher vollständig aus, sodass er nur noch den Wunsch hat, endlich schlafen zu wollen. Ist er wirklich müde, gehen Sie in das Lokal.
2. Am besten legen Sie ihm eine Decke auf den Boden, die er bereits von zu Hause kennt. Stellen Sie den Fuß auf die Leine.
3. Anfangs können Sie Ihrem Hund für das Hinlegen ein paar Leckerlis geben. Ist er aber müde, wird er einfach froh sein, dass er eine Zeit lang nichts machen muss.

Ihr Hund lernt auf diese Weise, dass man beim Essengehen entspannt unter dem Tisch liegen bleiben soll. Und dass er nichts Wichtiges verpasst, da man sich nicht um ihn kümmert und er keine Aufmerksamkeit erhält und zeitgleich, dass er sicher ist und ihm nichts passiert.

Erwachsener Hund

Ist Ihr Hund bereits älter, sollten Sie den Restaurantbesuch zu Hause vorbereiten.

Schritt für Schritt

1. Leinen Sie Ihren Hund beispielsweise beim Essen mit der Familie oder während einer Kuschelrunde an und halten Sie die Leine fest. Alternativ stellen Sie Ihren Fuß auf die Leine oder binden sie am Tischbein fest.
2. Ist Ihr Hund entspannt? Super, dann leinen Sie ihn wieder ab und geben Sie ihm die Erlaubnis, sich wieder frei zu bewegen.

So können Sie noch zusätzlich unterstützen:

- Als Hilfe können Sie Ihrem Hund eine kleine Decke auslegen, welche Sie auch mit in ein Restaurant nehmen können. Die Decke wird für Ihren Hund ein Signal. Er versteht, dass er sich jetzt hinlegen soll und dass er in dieser Zeit keine Aufmerksamkeit erhält. Auf diese Weise kann Ihr Hund wirklich beim Essengehen abschalten und befindet sich nicht in einem Trainingsmodus.

Kiwi weiß, dass nichts Spannendes passiert, wenn der Fuß auf der Leine steht, und nutzt die Zeit, um Energie zu sammeln.

› Oft neigt man als Mensch dazu, seinem Hund einen Gefallen tun zu wollen und gibt ihm eine Kleinigkeit vom Tisch. Ihr Hund lernt, dass es sich lohnt, ab und zu zum Tisch zu schauen. Er fängt an zu betteln. Helfen Sie Ihrem Hund, indem Sie ihm nie etwas vom Tisch geben. Ihr Hund baut erst gar nicht eine Erwartungshaltung auf und ein entspanntes Liegen unter dem Tisch wird ihm deutlich leichter fallen.

Wichtig

Auf Sicherheit achten

Achten Sie darauf, dass keiner Ihrem Hund zu nahe kommt, wenn er unter dem Tisch liegt. Bückt sich ein Gast oder Kellner um ihn zu streicheln, empfinden dies manche Hunde als Bedrohung, da er sich unter dem Tisch in die enge gedrängt fühlt.

Alleine bleiben

Das Ziel

Nicht immer kann man seinen Hund überallhin mitnehmen. Man kann das Weggehen aber nur dann genießen, wenn der eigene Hund sicher und zufrieden zu Hause bleiben kann.

Ist Ihr Hund noch jung, oder haben Sie schon einen erwachsenen Hund, der es noch nicht gelernt hat, alleine zu bleiben? Das Training ist das gleiche, vorausgesetzt Ihr Hund hat noch keine schlechten Erfahrungen gemacht.

Erwartungshaltung

Wichtig beim Alleinbleiben ist, dass Ihr Hund keine Erwartungshaltung auf Ihr Zurückkommen aufbaut. Feiern Sie deswegen keine Verabschiedungs- und Begrüßungsfeste mit Ihrem Hund.

- Am besten ignorieren Sie Ihren Hund zunächst, wenn Sie wieder nach Hause kommen.
- Begrüßen Sie ihn erst, wenn er sich entspannt hingelegt hat, oder sich mit etwas anderem als Ihnen beschäftigt. Das fällt uns Menschen meist sehr schwer, weil man sich schließlich freut, dass einen der eigene Hund wedelnd begrüßt.

Im schlimmsten Fall führen diese Begrüßungsfeste dazu, dass Ihr Hund beim Alleinbleiben nicht zur Ruhe kommt, da er ständig Anzeichen Ihrer Rückkehr erwartet. Ein entspanntes Warten ist dies nicht.

Hund allein zu Hause

Wissen Sie noch gar nicht, wie Ihr Hund sich alleine verhält? Testen Sie es kleinschrittig aus.

- Gehen Sie ohne ihn in ein anderes Zimmer. Bleibt er entspannt? Super, dann gehen Sie in die nächste Testphase.
- Verlassen Sie die Wohnung, bringen Sie beispielsweise den Müll heraus. Ist Ihr Hund weiterhin entspannt, können Sie das Wegbleiben immer weiter ausbauen.
- Sie können Ihrem Hund helfen, indem Sie ihn müde machen, sodass er körperlich und geistig ausgepowert ist.

Sind Sie sich unsicher, ob es Ihrem Hund wirklich gut geht? Stellen Sie eine Kamera auf und filmen Sie ihn, wenn Sie nicht zu Hause sind. Manchmal wundert es einen, was die Hunde alles machen, wenn sie sturmfrei haben.

Wichtig

Hilfe vom Tierarzt

Bekommt Ihr Hund trotz kleinschrittigem Training Panik oder zerstört Ihre Wohnung, wird dringend die Unterstützung seitens eines Tierarztes mit Schwerpunkt Verhaltenstherapie empfohlen.

Nachdem Leila sich entspannt auf ihr Kissen gelegt hat, wird sie von Frauchen kurz begrüßt.

Übung

Gespräch auf der Straße

Das Ziel

Ihr Hund verweilt bei einem kurzen Gespräch auf der Straße entspannt an Ihrer Seite und wartet ab, bis der Spaziergang wieder weitergeht.

Was Sie dafür brauchen

- ggf. eine Hilfsperson

Reaktionen vermeiden

In einem Gespräch möchte man sich nur auf seinen Gesprächspartner konzentrieren. Ein ziehender oder bellender Hund ist meist nicht nur störend, sondern uns Menschen oft sogar peinlich. Es ist daher nur menschlich, dass man auf das unerwünschte Verhalten seines Hundes reagiert. Da Aufmerksamkeit, selbst wenn sie nicht nett gemeint ist, meist

einen Verstärker für einen Hund bedeutet, wird das unerwünschte Verhalten auf Dauer sogar schlimmer. Zeigt Ihr Hund daher unerwünschtes Verhalten, um Ihre Aufmerksamkeit zu erhalten, ist es wichtig, dass Sie nicht reagieren und ihn unabsichtlich mit Ihrer Reaktion belohnen.

Sie können beispielsweise durch folgende Vorübung Begegnungen auf der Straße vorbereiten:

- Bleiben Sie bei einem Spaziergang einfach einmal stehen.
- Verharrt Ihr Hund, loben Sie ihn und gehen wieder weiter. Das Loben und Weitergehen dient als Verstärker für das Innehalten Ihres Hundes.
- Steigern Sie mit der Zeit das Warten.

Übungssituationen finden

Testen Sie Ihren Erfolg, indem Sie entsprechende Übungssituationen suchen, in denen Sie sich selber ablenken können.

- Gehen Sie beispielsweise mit Ihrem Hund zu einem Fahrkartenautomaten und drucken Sie sich einen Fahrplan aus. Der Fahrplan alleine ist kostenlos und durch das Konzentrieren auf den Automaten können Sie schnell feststellen, ob Ihr Hund geduldig an Ihrer Seite wartet. Alternativ können Sie auch Reisebeschreibungen an Schaufenstern durchlesen. Wichtig ist hierbei, dass Sie sich völlig auf das Lesen konzentrieren und nicht permanent auf Ihren Hund blicken.
- Haben Sie auch diese Situation gemeistert? Dann können Sie jetzt das Gespräch auf der Straße suchen. Wenn Sie keine Hilfsperson haben, fragen Sie einfach einen Passanten auf der Straße nach der Uhrzeit. Die Wartezeit Ihres Hundes ist in diesem Fall recht kurz und Sie können nach einem schnellen Wortwechsel Ihren Hund mit dem Weitergehen belohnen. Ist auch dies geschafft, könnte die nächste Frage nach dem Weg sein. Hierbei muss Ihr Hund schon länger warten, bis es endlich weitergeht.

Sie können natürlich Ihrem Hund auch ein Leckerli für entspanntes Warten geben. Je nach Hundetyp kann es passieren, dass Ihr Vierbeiner in eine Erwartungshaltung gerät. Auch mit dieser Methode werden Sie zukünftig gut Gespräche mit Bekannten führen können. Es besteht allerdings eine größere Gefahr, dass Ihr Hund in eine Arbeitshaltung rutscht und aktiv eine bestimmte Position einnimmt und in dieser verharrt, anstatt gelassen auf das Ende der Konservation zu warten.

Cleo weiß, dass Gespräche manchmal länger dauern und legt sich schon einmal hin, um sich zu entspannen.

Tauschgeschäfte – Ausgeben

Nimmt Ihr Hund auf dem Spaziergang gerne alles in sein Maul oder liebt Ihr Hund das gemeinsame Zerrspiel mit Ihnen, lässt aber das Spielzeug nie los?

Bei dem Hergeben von Gegenständen ist einiges zu beachten, damit das Training dauerhaft zum Erfolg wird.

Damit der Hund zuverlässig Gegenstände hergibt, muss er für das Loslassen verstärkt werden. Achten Sie darauf, dass Ihr Hund das Ausgeben nicht als Ende von Spaß, sondern vielmehr als Anfang von Spaß bzw. als erfolgreiches Tauschgeschäft wahrnimmt. Der Gegenstand mit dem Sie tauschen, sollte daher mindestens genauso spannend sein, wie der Gegenstand, den Ihr Hund gerade im Maul hat.

Es ist wichtig, dass man seinem Hund nicht ruckartig etwas wegnehmen möchte, oder seinem Hund hinterherrennt. Ihr Hund könnte dies nämlich entweder als Spiel auffassen und damit selber wegrennen, oder aber Sorge haben, dass ihm sein spannender Gegenstand weggenommen wird, und vor Aufregung den Gegenstand verschlucken oder aber aggressiv Ihnen gegenüber reagieren.

Info

Ziel der Übungen

Ziel aller drei Übungen ist, dass Ihr Hund auf das akustische Signal „Aus“ jeden beliebigen Gegenstand loslässt.

Die Trainingswege

Im Folgenden werden drei unterschiedliche Wege gezeigt, wie Sie das Ausgeben von Gegenständen oder Essbarem üben können. Alle Trainingswege werden positiv trainiert, das heißt, Ihr Hund wird für das Loslassen belohnt. Üben Sie daher das Loslassen mit Gegenständen, die Ihr Hund vornehmlich auch ins Maul nehmen darf. Schließlich muss Ihr Hund erst etwas aufnehmen, damit er es wieder loslassen kann. Das Aufnehmen wird nach dem Premack-Prinzip (s. Seite 20) daher indirekt mit verstärkt. Steigern Sie auf allen drei Wegen langsam die Wertigkeit des Gegenstandes, bis Sie beim Kauknochen angekommen sind. Schafft Ihr Hund auch diesen problemlos auszugeben, stellen ungeplante Gegenstände in der Regel keine Schwierigkeiten mehr dar, da man das Ausgeben bereits in deutlich schwierigeren Fällen geschafft hat.

Spielzeugtausch

Das Ziel

Ihr Hund lernt auf das Signal „Aus“ ein Spielzeug aus der Schnauze fallen zu lassen und gegen ein anderes Spielzeug zu tauschen

Was Sie dafür brauchen:

- mehrere Spielzeuge, am besten unterschiedliche Zergel
- ggf. Leckerlis

Schritt für Schritt

1. Zerren Sie mit Ihrem Hund. Ist Ihr Hund kräftig am Ziehen, lassen Sie das Tau los.
2. Holen Sie ein zweites Tau und animieren Sie Ihren Hund mit diesem weiter zu zerren. Ihr Hund wird mit der Zeit immer schneller das erste Tau loslassen, da es ihm viel mehr Spaß macht mit Ihnen und dem zweiten Tau zu spielen.
3. Bauen Sie langsam Ihre Animation mit dem zweiten Spielzeug ab. Lässt Ihr Hund bereits das erste Tau los, wenn er das neue Spielzeug in Ihrer Hand sieht? Super, dann kann jetzt mit der Einführung des Wortsignals gestartet werden.
4. Zerren Sie wieder mit Ihrem Hund. Lassen Sie dann den Spieler los. Sagen Sie erst „Aus“ und holen Sie anschließend so schnell wie möglich das zweite Tau hervor. Ihr Hund wird nach kurzer Zeit bereits auf das „Aus“-Signal den Spieler ausspucken, da er ein neues Zerrspiel mit Ihnen erwartet.

Tauschen ist Ehrensache

Genau wie beim Tauschspiel mit verschiedenen Spielzeugen, können Sie diese Übung auch mit Futter bzw. in der Kombination von Spielzeug und Futter durchführen. Wichtig ist, dass Sie Ihrem Hund immer etwas zum Tausch anbieten, was mindestens genauso gut ist, wenn nicht sogar besser, als das, was er selber besitzt.

Das Spielen mit seinem Frauchen findet Bounty besser, als das Halten seines Seils. Schnell lässt er das Tau los und packt nach dem Geweih.

In der Ruhe liegt die Kraft

Das Ziel

Hier lernt Ihr Hund, alles aus dem Maul zu geben, wenn Sie den Gegenstand anfassen. Nach dem Loslassen erwartet er, dass nach dem Ausgeben eine neue lustige Spielrunde mit dem Spielzeug gestartet wird, oder er einen hergegebenen Knochen weiterfressen darf. Besonders für unterwegs ist diese Übung sehr praktisch, da der Hund in Erwartung den Gegenstand wiederzubekommen, auch ohne äußere Belohnung von Ihnen alles hergeben wird.

Kiwi liebt Zerrspiele über alles und freut sich, das Frauchen bereits einen neuen Spieler in der Hand bereithält. So macht ausgeben Spaß!

Was Sie dafür brauchen:

› Spielzeug, am besten einen Zergel

Schritt für Schritt

1. Spielen Sie mit Ihrem Hund ein Zerrspiel.
2. Fängt Ihr Hund gerade an, sich für das Spiel zu interessieren und möchte am liebsten weiterzergeln, halten Sie Ihre Hand mit dem Spielzeug ganz still.
3. Warten Sie ab, bis Ihr Hund von alleine den Spieler loslässt. Loben Sie ihn verbal und starten Sie als Belohnung von neuem das Zerrspiel. Da Ihr Hund das Zerren spannender findet, wenn Sie aktiv am Spiel teilnehmen, wird er immer schneller loslassen, damit Sie eine neue Spielrunde starten.
4. Lässt Ihr Hund los, sobald Sie Ihre Hand stillhalten? Fügen Sie nun das „Aus"-Signal ein. Zerren Sie mit Ihrem Hund. Sagen Sie „Aus" und halten Sie sofort die Hand still.

Nach einigen Wiederholungen merken Sie, wie Ihr Hund bereits auf das eingeführte Signal reagiert.

Ohne zusätzliche Belohnung

Der Vorteil in dieser Übung liegt darin, dass man sie ganz ohne Futter durchführen kann. Sie ist besonders für einen Hund mit einem mittel-starken Spieltrieb geeignet oder der bereits verstanden hat, dass nach dem Auslassen ein neues Zerrspiel beginnt.

Kamelle – traumhaftes Ausgeben

Das Ziel

Hier lernt Ihr Hund das Ausgeben von beliebigen Gegenständen und Kauartikeln. Ziel ist, dass Ihr Hund versteht, schnellstmöglich sein Maul zu öffnen und Gegenstände auszugeben, da er mit Belohnungen geradezu überschüttet wird und diese alle aufnehmen darf.

Was Sie dafür brauchen:

- Spielzeug
- Leckerlis

Schritt für Schritt

1. Geben Sie Ihrem Hund ein Spielzeug.
2. Beschäftigt er sich damit? Prima, sagen Sie „Aus" und werfen Sie sofort eine Hand voll Leckerlis auf den Boden.
3. Nehmen Sie in der Zeit, in der Ihr Hund die Leckerlis frisst, das Spielzeug in Ruhe weg.
4. Geben Sie ihm anschließend wieder das Spielzeug und wiederholen Sie Schritt 3, bis Ihr Hund sofort das Spielzeug fallen lässt, wenn Sie schon das „Aus"-Signal sagen.
5. Jetzt ist es so weit, dass Sie erst die Leckerlis auf den Boden werfen, wenn Ihr Hund bereits den Gegenstand fallengelassen hat.

Üben Sie dieses Spiel mit unterschiedlichen Gegenständen und an unterschiedlichen Orten. Achten Sie darauf, dass Sie im Laufe des Tages das Ausgeben festigen. Bei dieser Übung sind viele kurze Wiederholungen besser, als eine lange Trainingsrunde.

Wenn's hapert

Starten Sie die Übung zuerst mit Gegenständen, die Ihrem Hund nicht wichtig sind. Dies erhöht die Wahrscheinlichkeit, dass er den Gegenstand noch schneller ausgibt. Wechseln Sie mit jeder Runde den Gegenstand und steigern Sie dabei den Wert, den Ihr Vierbeiner mit diesem verbindet. Lässt Ihr Hund alles fallen, wenn Sie „Aus" sagen? Super, dann machen Sie alles richtig! Fängt er allerdings an zu zögern, rennt mit einem besonderen Spielzeug weg oder legt sich genüsslich hin, um einen von Ihnen gegebenen Knochen zu kauen, dann war der Trainingsschritt zu groß. Der Gegenstand, den Ihr Hund besitzt, ist ihm in diesem Fall wichtiger als die Leckerlis, mit denen Sie Ihren Hund belohnen möchten.

Als Alternative zum Futter können Sie Ihren Hund auch mit besonderem Spielzeug überraschen. Werfen Sie drei bis vier unterschiedliche Spielzeuge auf den Boden, sodass er gar nicht weiß, mit welchem er zuerst spielen soll. Besonders triebstarke Hunde lieben beispielsweise das Auskippen von einem mit Bällen gefüllten Eimer. Seien Sie kreativ, wie Sie Ihren Hund beim Ausgeben überraschen können.

Wunscherfüllung

Hunde haben heute mehr Freiheiten als früher. Ein Vierbeiner in der Küche oder gemeinsames Sitzen auf dem Sofa ist gesellschaftlich akzeptiert und gilt heute als normal.

Die Erlaubnis, dass der Hund mit auf dem Sofa sitzen darf, ist meist an gewisse Regeln geknüpft. Typische Fragen, die Sie sich stellen sollten, bevor Sie Ihrem Vierbeiner das Sitzen auf dem Sofa gestatten, sind: Darf er sich zu dem Besuch auf das Sofa setzen? Was geschieht, wenn Sie sich selber auf das Sofa setzen möchten, Ihr Vierbeiner aber bereits darauf liegt und Ihnen nur eine kleine Ecke zur Verfügung lässt?

Regeln für mehr Freiheit

Sie merken bereits, dass eine Entscheidung, dem Hund mehr Freiräume zu gestatten, viele Fragen aufwerfen kann und dementsprechend feste Regeln zur Folge hat.

Es gilt im Allgemeinen, dass man seinem Hund zunächst nur wenige Erlaubnisse zugestehen sollte, bis feste Regeln bestehen. Zudem sollte man sich für die Zukunft sicher sein, dass der Hund diese Freiheit dauerhaft genießen darf. Wenn Sie beispielsweise Ihrem Vierbeiner erlauben, auf dem Sofa zu liegen und schaffen sich nach Jahren eine neue Couch an, auf die er nicht mehr drauf darf, werden Sie einiges an Energie hineinlegen müssen, um die gelernte Freiheit rückgängig zu machen.

Hat Ihr Hund jedoch gelernt, vorher zu „fragen", ob er mit aufs Sofa darf, verhindern Sie solche „Diskussionen". Wie Sie ihm das am besten beibringen, erfahren Sie mit der nächsten Übung.

Info

Regeln für die Freiheit

Es ist einfach, seinem Hund neue Freiheiten zu gewähren, die Umkehrung bzw. das Entziehen von Freiheiten ist dagegen ein Problem.

Happy sitzt fragend vor dem Sofa. Ob Frauchen sie wohl neben sich sitzen lässt?

Bitte sagen

Das Ziel

Eine Möglichkeit, seinem Hund mit Regeln Freiheiten zu bieten, ist, wenn er lernt Fragen zu stellen. Wenn Ihr Hund beispielsweise auf das Sofa springen möchte und dieses bereits besetzt ist, könnte er Sie anschauen und warten bis eine Reaktion kommt. Es liegt nun in Ihrer Entscheidung, ob er sich zu Ihnen legen darf oder nicht.

Schritt für Schritt

1. Setzen Sie sich für das Training auf die Coach.
2. Kommt Ihr Hund zu Ihnen gelaufen und hält inne? Super! Sagen Sie „OK" und klopfen auf das Sofa, um ihn zu animieren, sich zu Ihnen zu legen. Springt Ihr Hund dagegen, ohne zu warten, direkt auf die Coach, schicken Sie ihn wieder hinunter. Erst wenn er kurz stehen bleibt, geben Sie ihm die Erlaubnis, sich zu Ihnen zu gesellen.
3. Stoppt Ihr Hund zuverlässig vor dem Sofa, können Sie anfangen, mehr als nur das Stehen von ihm zu erwarten. Ziel ist, dass er Sie anschaut, damit er sich zu Ihnen legen darf.
4. Warten Sie zunächst auf eine kleine Kopfdrehung in Ihre Richtung. Nach nur ein paar Wiederholungen wird er Sie anschauen, um möglichst schnell an sein Ziel, das Sofa, zu kommen.

Tipp

Fragen lernen

Sie können das Fragenstellen in diversen Situationen üben. Sie entscheiden, wie Ihr Hund die Frage stellen sollte, damit sein Wunsch erfüllt wird. Weitere Möglichkeiten wären ein Anschauen, bevor man durch eine Tür geht oder das Hinsetzen, bevor der Hund angeleint wird.

Möchten Sie nicht, dass Ihr Hund auf die Couch kommt, sagen Sie „Schade" zu ihm. Springt er trotzdem hoch, schicken Sie ihn sofort wieder herunter. Ihr Vierbeiner lernt mit der Zeit, dass er auf das Sofa darf, wenn „OK" gesagt wird und dass es sich nicht lohnt, auf das Sofa zu springen, wenn er „Schade" hört.

Besser geht nicht

Das Schöne beim Training über das Fragen des Hundes ist, dass es ganz ohne Leckerlis funktioniert. Ihr Hund kommt nämlich direkt mit einem Bedürfnis zu Ihnen. Wenn Sie ihm die Erlaubnis für eine bestimmte Situation geben, befriedigen Sie automatisch sein Bedürfnis. Sie geben Ihrem Vierbeiner folglich die größtmögliche Belohnung, die er sich zu diesem Zeitpunkt vorstellen kann.

Mit Fehlverhalten umgehen

Ihr Hund verfolgt mit seinem Verhalten ein Ziel. Wenn Sie herausfinden, was das Bedürfnis hinter dem Verhalten ist, können Sie effektiv gegen das unerwünschte Verhalten arbeiten.

Oft bemerkt man im Alltag nur die Situationen, die noch nicht so gut funktionieren. Ihr Hund bellt, wenn jemand am Gartenzaun entlanggeht, er zieht an der Leine, springt andere Menschen an oder zeigt andere unerwünschte Verhaltensweisen. Wichtig ist zu wissen, dass sich hinter jedem Verhalten Ihres Hundes ein unerfülltes Bedürfnis versteckt. Tritt die Möglichkeit der Bedürfnisbefriedigung auf Seiten Ihres Hundes ein, kann das unerwünschte Verhalten gezeigt werden.

„Billiges" Verhalten

Überlegen Sie zunächst, wie das alternative Verhalten Ihres Hundes aussehen soll. Besonders für unerwünschte Verhaltensweisen bietet sich ein „billiges" Verhalten Ihres Hundes an. Unter einem „billigen" Verhalten versteht man etwas, was Ihrem Hund leichtfällt und kein großer Aufwand für ihn ist, wie beispielsweise das Anschauen oder das „Sitz". Verhaltensweisen, die sich in der Vergangenheit oft gelohnt haben, werden in neuen Situationen oft gezeigt, um ein auftretendes Problem zu lösen.

Lieb sein fördern

Die Idee des Trainings über das Ausnutzen von Verstärkern besteht aus einer Kombination aus Ignorieren von unerwünschtem Verhalten und dem Ertappen des Hundes beim Lieb-sein, also beim Zeigen von gewünschtem Verhalten. Loben Sie Ihren Hund darum immer, wenn er aus Ihrer Sicht keinen Fehler macht, sondern direkt das richtige Verhalten zeigt. Macht Ihr Hund einen Fehler, beachten Sie diesen gar nicht, denn oft wirkt das Beachten bereits als Verstärker. Warten Sie so lange, bis Ihr Hund wieder im „grünen Bereich" ist. Jetzt können Sie ihn wieder loben.

Mit der folgenden Übung erfahren Sie, wie Sie auf die Situation des anspringenden Hundes mit einem möglichen Training eines Alternativverhaltens reagieren können.

Kiwi weiß, dass sie ihr Frauchen nur anschauen muss, um an das Spielzeug zu kommen. Die lockere Leine ist der gewünschte Nebeneffekt.

Wichtig

Bedürfnisse verstehen
Grundlegend ist, das Bedürfnis hinter dem Verhalten Ihres Hundes zu verstehen. Kennt man dieses, kann man es direkt als Verstärker für ein gewünschtes alternatives Verhalten ausnutzen.

Übung

Alle viere auf den Boden

Das Ziel

Ihr Hund bleibt in jeglichen Situationen mit allen vier Pfoten auf dem Boden. Es spielt dabei keine Rolle, ob Sie selber, Erwachsene oder auch Kinder Sie besuchen oder Kontakt zu Ihrem Hund aufnehmen möchten.

Zwischen Ignorieren und Verstärken

Anspringende Hunde haben immer ein Ziel hinter dem gezeigten Verhalten, nämlich die Reaktion des Menschen. Sei es ein freudiges Anspringen, weil man nach Hause kommt, oder ein unhöfliches Anrempeln. Das Bedürfnis hinter dem Verhalten ist meistens Aufmerksamkeit.

Im Folgenden erfahren Sie, wie Sie Ihrem Hund beibringen, mit allen vier Pfoten auf dem Boden zu bleiben.

- Da Hunde immer das Verhalten zeigen, welches sich lohnt, ist es von allergrößter Bedeutung, dass Sie Ihren Hund nicht beachten (also **ignorieren**), wenn er nicht mit allen vier Pfoten auf dem Boden ist. **Loben** Sie ihn stattdessen, wenn er eine schöne Alternative gegenüber dem Anspringen zeigt, beispielsweise indem er sich hinsetzt. Mit der Zeit werden Sie merken, dass Ihr Hund immer schneller sitzt, damit er Ihre Aufmerksamkeit bekommt.
- Ist bereits die kleinste Reaktion zu viel für Ihren Hund? Versuchen Sie zunächst über **Management** zu sorgen, dass Ihr Hund keinen Fehler machen kann. Gehen Sie in die Hocke, um Ihren Hund zu streicheln und halten Sie ihn an der Leine, wenn andere ihn begrüßen.
- Steigern Sie langsam den **Schwierigkeitsgrad** für Ihren Hund. Bleibt er mit allen vier Pfoten auf dem Boden, wenn Sie ihn ansprechen? Super! Fordern Sie Ihren Hund nun immer weiter heraus. Bleibt er sitzen, wenn Sie sich leicht bewegen? Geben Sie ihm Aufmerksamkeit, loben Sie ihn. Achten Sie darauf, dass Sie nicht zu überschwänglich sind, dies könnte dazu führen, dass Ihr Hund aufgedreht wird und Sie dann doch wieder anspringt. Die Trainingsschritte sollten Sie so wählen, dass Ihr Hund es gerade noch schafft, sich zurückzuhalten.
- Königsdisziplin ist, wenn man seinen Hund direkt zum Anspringen animiert, indem man sich zum Beispiel auf die Oberschenkel klopft oder auf und ab hüpft.

Auf den Trick fällt Tess nicht rein: Sie bleibt mit ihrem Popo auf dem Boden kleben, obwohl ihr Halter sie zum Anspringen animiert.

Auf Abwechslung achten

Kurze Trainingseinheiten zu unterschiedlichen Zeiten und mit verschiedenen Hilfspersonen führen zu einem schnelleren Lernen Ihres Hundes. Auf diese Weise entstehen in sehr kurzer Zeit viele leicht unterschiedliche Situationen. Trainiert man dagegen nur eine lange Einheit, zeigt Ihr Hund wahrscheinlich innerhalb der Übungssequenz einen Fortschritt, allerdings müssen Sie bei einer neuen Trainingsrunde meist einige Trainingsschritte zurückgehen, damit Ihr Hund wieder weiß, was Sie von ihm möchten.

Begegnungen clever gestalten

Reicht ein Hund in der Ferne, dass Ihr Vierbeiner die Ohren spitzt und nur noch schwer ansprechbar ist? Alltägliche Ablenkungen können helfen, Hundebegegnungen zum eigenen Vorteil zu gestalten.

Aus der Lerntheorie weiß man, dass Hunde ein bestimmtes Verhalten zeigen, wenn es sich für sie lohnt. Das Ziel beim Training ist aus diesem Grund, den Hund davon zu überzeugen, dass immer ein Gewinn herausspringt, wenn man das gewünschte Verhalten ausführt.

Hundekontakte nutzen

Ist ein Hund häufig abgelenkt, lohnt sich für ihn das unaufmerksame Verhalten mehr, als mit seinem Menschen zu arbeiten. Die Ablenkung selber ist nämlich ein versteckter Verstärker. Erkennt man, dass jede Ablenkung immer die größtmögliche Belohnung für seinen eigenen Hund darstellt, hat man eine sehr mächtige Erkenntnis gewonnen.

Möchte Ihr Hund zu jedem fremden Hund Kontakt aufnehmen? Ist Ihr eigener Hund und auch der fremde Hund sozial verträglich und spricht auch der andere Halter sich positiv für ein Kennenlernen aus, spricht nichts dagegen, dass man seinen Hund mit dem anderen spielen lässt. Lassen Sie hierzu Ihren Hund nicht einfach von der Leine. Geben Sie ihm eine kleine Aufgabe, ein „Sitz" oder ein Anschauen in Ihre Richtung. Als Belohnung darf er anschließend mit dem anderen Hund spielen.

Nachteile abwägen

Aber Vorsicht, nicht jede Ablenkung hat einen riesigen Vorteil, wenn man sie als Verstärker nutzt. Erlaubt man das Fressen von Essensresten auf dem Spaziergang, kann es den Nachteil beinhalten, dass Ihr Hund als Folge vermehrt schnüffelt. Überlegen Sie sich genau, ob die Nutzung der Ablenkung in diesem Moment mehr Vorteile als Nachteile für Sie bedeutet.

Nicht immer findet man auf die Schnelle eine Ablenkung, die man überhaupt nutzen möchte. Dann bietet sich für eine Begegnung ein sehr einfaches Verhalten für Ihren Hund an, mit dem Sie ihn von der eigentlichen Begegnung ablenken können. Vorteilhaft sind alle Verhaltensweisen, mit denen Sie seinen Blick lenken können. Alles, was er nicht wahrnimmt, kann ihn auch nicht stören.

Kiwi verweilt trotz großer Ablenkung mit ihrer Nase an der Hand. Hundebegegnungen sind kein Problem.

Übung

Begegnungen umgehen

Das Ziel

Ihr Hund lernt in Begegnungssituationen mit anderen Hunden, Sie solange anzuschauen, bis der fremde Hund an Ihnen beiden vorbeigegangen ist. Die Verwendung alltäglicher Ablenkungen zur Belohnung Ihres Hundes bieten hierbei den großen Vorteil, dass seine Bedürfnisse befriedigt werden. Dies dient zeitgleich als Endstressor und entspannt Hundebegegnungen ungemein.

Stress vermeiden

Begegnungen mit fremden Artgenossen bedeuten nicht selten Stress für den eigenen Hund. Hierbei ist es unerheblich, ob man einen Hund an der Seite hat, der dem anderen aggressiv gegenübersteht, oder ob ein Hund am liebsten sofort mit jedem spielen würde. Beide Hunde haben Stress, wobei man im ersten Fall von **negativem Stress** und im zweiten Fall von **positiven Stress** spricht. Das Ziel in einer Begegnungssituation ist daher automatisch diesen Stress zu lindern.

Beobachtet man seinen Hund im Alltag auf den unterschiedlichsten Spaziergängen, so fällt den meisten Hundehaltern auf, dass Ihr Hund einen Großteil der Zeit mit der Nase am Schnüffeln ist. **Gerüche sind starke Ablenkungen** und daraus folgend ist die Möglichkeit zum Schnüffeln ein großer Verstärker für diese Hunde. Nutzen Sie diese Erkenntnis zu Ihrem Vorteil aus!

Tipp

Entspannung ist alles

Achten Sie auf Ihren Hund: Fällt es ihm schwer, den Blickkontakt zu halten? Gehen Sie wieder ein paar Trainingsschritte zurück. Ein entspannter Hund an Ihrer Seite ist die Grundlage für diesen Trick.

Schnüffeln als Belohnung

Nimmt Ihr Hund auf einem Spaziergang einen fremden Hund wahr, bleiben Sie stehen. In dem Moment, wo Ihr Hund von dem fremden Hund wegschaut, erlauben Sie ihm das Schnüffeln am Wegrand. Verlangen Sie mit der Zeit von Ihrem Hund, dass aus dem einstigen Wegschauen des Fremdhundes ein Anschauen in Ihre Richtung wird. Die Belohnung ist weiterhin die Erlaubnis, den Wegrand mit der Nase zu erkunden. Ist dies kein Problem? Super, dann können Sie nun an der Dauer des Anschauens arbeiten. Verkürzen Sie den Abstand zu dem fremden Hund in jeder Trainingsrunde.

Wichtig ist, dass das Schnüffeln hierfür ein Verstärker für Ihren Hund darstellen muss. Ist dies kein Verstärker, ist diese Übung nicht für Ihren Hund geeignet. Da das Schnüffeln auch ein deeskalierendes Verhalten ist und zum Stressabbau beiträgt, schnüffeln viele

Iggy genießt das Schnuppern am Baum. Der fremde Hund ist ihm gleichgültig.

Hunde gerne in Begegnungssituationen und „tun so" als ob sie etwas ganz Wichtiges in der Nase hätten. Viele Hunde, die keine Leckerlis mehr aufnehmen, nehmen das Angebot des Schnüffelns dagegen dankbar an.

Sie können Ihrem Hund in besonders schwierigen Situationen helfen, indem Sie frühzeitig ein paar Leckerlis bei der Schnüffelstelle verteilen. Ihr Hund wird noch intensiver mit der Nase den Boden absuchen und den Fremdhund weniger stark wahrnehmen.

Das Schöne an dieser Methode der Begegnung ist, dass das Schnüffeln nicht nur ein Verstärker ist, sondern zusätzlich eine beruhigende Wirkung für den eigenen Hund darstellt. Er wird fremden Hunden mit der Zeit gelassener entgegengehen.

Service

Buchtipps

Albers, M.: Spiele und Action für ausgeglichene Hütehunde. Border Collie, Australian Shepherd und Co. rassegerecht auslasten. 2., erw. Aufl. Verlag Eugen Ulmer, Stuttgart 2019

del Amo, C.: Die neue Spaßschule für Hunde. Spielen, tricksen, clickern. 3., akt. Aufl. Verlag Eugen Ulmer, Stuttgart 2016

Gröning, P.: Spiele und Action für Jagdhunde. Retriever, Weimaraner, Beagle und Co. rassegerecht beschäftigen. 2., erw. Aufl. Verlag Eugen Ulmer, Stuttgart 2019

Lenz, C. und Schnepper, C.: Lernspiele für Welpen. Verlag Eugen Ulmer, Stuttgart 2016

Schnepper, C.: Impulskontrolle für Treib- und Hütehunde. Verlag Eugen Ulmer, Stuttgart 2017

Sondermann, C.: Denksport für Hunde. Knobelspiele schnell und einfach selbstgemacht. Verlag Eugen Ulmer, Stuttgart 2017

Sondermann, C.: Einfach schnüffeln! Nasenspiele für den Hundealltag. 2. Aufl. Verlag Eugen Ulmer, Stuttgart 2017

Theby, V.: Verstärker verstehen, 2., erw. Aufl. Kynos Verlag, Nerdlen, 2018

Klicks im WWW

www.pfoten-college.de: Website der mobilen Hundeschule in Lindlar und Umgebung der Autorin Christiane Schnepper. Hier finden Sie Seminartermine und Informationen rund um das Thema Hund.

www.dogityourself.com: Website von Corinna Lenz mit Community von Hundefreunden, Schritt-für-Schritt-Anleitungen zum Selbermachen von Intelligenzspielzeugen, Leinen, Hundebetten und anderen schönen und nützlichen Dingen für Hunde.

www.spaß-mit-hund.de: Website von Christina Sondermann mit ausführlichen Trainingsanleitungen und tollen Spielideen.

Bildquellen

Alle Fotos im Innenteil und auf dem Umschlag stammen von Heike Schmidt-Röger (www.schmidt-roeger.de).

Über die Autorin

Christiane Schnepper ist Diplom-Gymnasiallehrerin mit den Fächern Mathematik sowie Physik und leitet nebenbei als staatlich zertifizierte Hundeerzieherin und Verhaltensberaterin (IHK|BHV) die mobile Hundeschule Pfoten-College in und um Lindlar.

Ihre Schwerpunkte sind die Erziehung und Tricktraining. Weiter ist sie TOP-Trainer der Tierakademie Scheuerhof und Prüferin des BHV- und DHVE-Hundeführerscheins, welcher eine Alltags- und Sachkundeprüfung für das Hund-Mensch-Team darstellt. Mit ihrem Cattle Dog Kiwi wohnt sie in Lindlar.

Dank der Autorin

Ich bedanke mich bei meiner Familie, insbesondere bei meiner Mutter, welche mich bei meinen nicht immer gesunden Hunden unterstützt und folglich dieses Buch erst möglich gemacht hat. Ich bedanke mich bei allen Frauchen und Herrchen der vierbeinigen Fotomodels und natürlich auch bei den Vierbeinern selbst! Auch gilt mein Dank der Fotografin Heike Schmidt-Röger und Gabi Franz, der Lektorin des Buches.

Dank der Fotografin

Ein herzliches Dankeschön geht an alle vier- und zweibeinigen Models, die sich durchweg von ihrer besten Seite gezeigt und alles gegeben haben. Es war eine große Freude, mit euch zu arbeiten.

In diesem Buch sind die Namen von Hundezubehör und -trainingsartikeln, die zugleich eingetragene Warenzeichen sind, als solche nicht besonders kenntlich gemacht. Es kann also aus der Bezeichnung der Ware mit dem für diese eingetragenen Warenzeichen nicht geschlossen werden, dass die Bezeichnung ein freier Warenname ist.
Die Markennamen wurden nur beispielhaft aufgeführt.
Die in diesem Buch enthaltenen Empfehlungen und Angaben sind von der Autorin mit größter Sorgfalt zusammengestellt und geprüft worden. Eine Garantie für die Richtigkeit der Angaben kann aber nicht gegeben werden. Autorin und Verlag übernehmen keine Haftung für Schäden und Unfälle. Bitte setzen Sie bei der Anwendung der in diesem Buch enthaltenen Empfehlungen Ihr persönliches Urteilsvermögen ein.
Der Verlag Eugen Ulmer ist nicht verantwortlich für die Inhalte der im Buch genannten Websites.

Bibliografische Information der Deutschen Nationalbibliothek
Die Deutsche Nationalbibliothek verzeichnet diese Publikation in der Deutschen Nationalbibliografie; detaillierte bibliografische Daten sind im Internet über http://dnb.d-nb.de abrufbar.

Wollgrasweg 41,
70599 Stuttgart (Hohenheim)
E-Mail: info@ulmer.de
Internet: www.ulmer.de
Lektorat: Kathrin Gutmann, Gabi Franz
Herstellung: Birgit Heyny
Umschlagentwurf und Innenlayout: Atelier Reichert, Stuttgart
Satz: r&p digitale medien, Echterdingen
Reproduktion: timeRay Visualisierungen, Jettingen
Druck und Bindung: Westermann Druck, Zwickau
Printed in Germany

ISBN 978-3-8186-0733-3